轨道交通前沿技术丛书

轴承损伤状态声发射监测理论及其高速列车应用

齐红元　许凤旌　侯东明　著

电子工业出版社
Publishing House of Electronics Industry
北京·BEIJING

内 容 简 介

本书共有 5 章。其中，第 1 章阐述了轴承状态监测技术现状及其声发射故障诊断目前面临的主要技术问题；第 2 章详细阐述了基于声发射感知的线性调频诊断方法与处理技术；第 3 章针对抗干扰高频窄带的轴承损伤响应，阐述了感知轴承损伤状态的声发射传感器设计与分析方法；第 4 章阐述了基于动力学的动态门槛机理，提出了轴承损伤响应的指纹特征，进而提出了轴承损伤状态监测的新方法与处理技术；第 5 章以高速列车滚动实验平台等为实验手段，验证了轴承损伤状态声发射监测理论与方法。本书创新地提出了基于声发射检测技术的轴承损伤状态快速识别方法与实现技术，能够为高速列车智能运维提供新的技术支撑。

未经许可，不得以任何方式复制或抄袭本书之部分或全部内容。
版权所有，侵权必究。

图书在版编目（CIP）数据

轴承损伤状态声发射监测理论及其高速列车应用 / 齐红元，许凤旌，侯东明著. -- 北京 : 电子工业出版社，2025. 3. --（轨道交通前沿技术丛书）. -- ISBN 978-7-121-49883-1

Ⅰ. TH133.3；TB52

中国国家版本馆 CIP 数据核字第 20256BY221 号

责任编辑：张佳虹
印　　刷：天津千鹤文化传播有限公司
装　　订：天津千鹤文化传播有限公司
出版发行：电子工业出版社
　　　　　北京市海淀区万寿路 173 信箱　邮编　100036
开　　本：787×1 092　1/16　印张：9.25　字数：237 千字
版　　次：2025 年 3 月第 1 版
印　　次：2025 年 3 月第 1 次印刷
定　　价：68.00 元

凡所购买电子工业出版社图书有缺损问题，请向购买书店调换。若书店售缺，请与本社发行部联系，联系及邮购电话：（010）88254888，88258888。
质量投诉请发邮件至 zlts@phei.com.cn，盗版侵权举报请发邮件至 dbqq@phei.com.cn。
本书咨询联系方式：（010）88254493；zhangjh@phei.com.cn。

前　言

　　轴承作为机械设备中传动系统的关键部件之一，由于长时间受到复杂交变载荷作用，容易出现疲劳损伤（如点蚀、裂纹、烧灼等）。目前，基于动力学轴承故障损伤检测方法，损伤响应与动力学信号相比具有高带宽等特点，故障诊断的核心先进调制解调技术仅能识别故障类型，难以实现对轴承故障损伤状态的评估。声发射技术已经成为轴承损伤状态监测及定量化的有效技术之一。因此，轴承损伤状态声发射监测理论的研究具有重要的现实意义和工业应用价值。

　　笔者及其研究团队紧密围绕机械工程领域发展方向，尤其是轨道交通装备健康状态监测重大需求，重点解决机械装备关键结构部件运行状态安全监测的共性关键技术问题，在国际工业技术顶级期刊 *Mechanical Systems and Signal Processing* 中，以连载形式进行基于声发射感知技术的高速列车轴承故障诊断与预测的理论性系统成果论述，从损伤源激励与声发射响应之间的系统角度，重点研究轴承损伤激励机理与高频窄带传感技术，阐述声发射指纹特征及其撞击统计谱的概念，可为基于声发射的高速列车轴承损伤状态监测提供较为全面的解决方案。

　　本书强调理论联系实际，具有很强的实用性，不仅适合从事声发射轴承故障诊断技术相关的技术研究、系统研发工程技术人员阅读，而且可作为高等院校、科研机构相关专业师生、科研人员的教学与参考。本书共有 5 章。其中，第 1 章阐述了轴承状态监测技术现状及其声发射故障诊断目前面临的主要技术问题；第 2 章详细阐述了基于声发射感知的线性调频诊断方法与处理技术；第 3 章针对抗干扰高频窄带的轴承损伤响应，阐述了感知轴承损伤状态的声发射传感器设计与分析方法；第 4 章阐述了基于动力学的动态门槛机理，提出了轴承损伤响应的指纹特征，进而提出了轴承损伤状态监测的新方法与处理技术；第 5 章以高速列车滚动实验平台等为实验手段，验证了轴承损伤状态声发射监测理论与方法。本书创新地提出了基于声发射检测技术的轴承损伤状态快速识别方法与实现技术，能够为高速列车智能运维提供新的技术支撑。

本书的出版得到了北京物声科技有限公司、中车青岛四方机车车辆股份有限公司的大力支持，在此对相关人员表示衷心的感谢。

著者

2024 年 8 月

目 录

第1章 轴承状态监测技术研究现状 ··· 1
  1.1 背景及意义 ·· 1
  1.2 列车轴承状态监测技术的研究现状 ··· 3
    1.2.1 基于轨边声学的轴承状态监测技术 ·· 3
    1.2.2 基于温度的轴承状态监测技术 ··· 4
    1.2.3 基于振动的轴承状态监测技术 ··· 6
  1.3 声发射技术在轴承状态监测领域的研究现状 ································· 10
    1.3.1 声发射技术 ··· 10
    1.3.2 轴承状态声发射机理研究 ·· 12
    1.3.3 轴承状态感知声发射技术 ·· 13
    1.3.4 基于时域特征的分析方法 ·· 13
    1.3.5 基于频域特征的分析方法 ·· 14
    1.3.6 基于智能诊断与预测的分析方法 ·· 15
  1.4 基于声发射的高速列车轴承状态监测面临的挑战 ·························· 16

第2章 轴承损伤声发射与振动响应 ··· 18
  2.1 引言 ·· 18
  2.2 基于反卷积和线性调频的轴承损伤诊断方法 ································· 18
    2.2.1 最大二阶循环平稳盲反卷积 ·· 18
    2.2.2 基于Z变换的线性调频解调 ·· 20
    2.2.3 解卷积和线性调频相融合的诊断算法 ······································· 22
  2.3 轴承损伤诊断算法仿真与对比实验 ··· 24
    2.3.1 诊断算法仿真分析 ·· 24
    2.3.2 高速列车轴箱轴承振动与声发射对比实验 ······························· 29
    2.3.3 振动与声发射响应的损伤诊断对比实验 ·································· 31

2.4 小结 ………………………………………………………………………… 45

第3章 轴承损伤响应声发射传感技术 ……………………………………… 47
  3.1 引言 ………………………………………………………………………… 47
  3.2 声发射传感器结构及其模型分析 ………………………………………… 47
      3.2.1 声发射传感器微机电系统结构 ……………………………………… 47
      3.2.2 声发射传感器PZT参数分析模型 …………………………………… 49
      3.2.3 声发射传感器PZT的机电耦合模型与特性分析 …………………… 53
      3.2.4 声发射传感器匹配层参数模型与特性分析 ………………………… 56
  3.3 声发射传感器系统数值模拟与性能分析 ………………………………… 60
      3.3.1 声发射传感器有限元建模方法 ……………………………………… 60
      3.3.2 声发射传感器PZT结构有限元分析 ………………………………… 62
      3.3.3 声发射传感器的声学特性 …………………………………………… 63
  3.4 声发射传感器实验研究及性能分析 ……………………………………… 68
      3.4.1 匹配层模拟实验研究与验证 ………………………………………… 68
      3.4.2 声发射传感器的综合性能评价指标 ………………………………… 71
      3.4.3 轴承损伤的声发射响应实验研究 …………………………………… 73
  3.5 小结 ………………………………………………………………………… 77

第4章 基于轴承损伤状态动态门槛机理的指纹特征方法 ………………… 79
  4.1 引言 ………………………………………………………………………… 79
  4.2 轴承损伤的声发射指纹特征概念 ………………………………………… 79
      4.2.1 声发射撞击特征参数 ………………………………………………… 79
      4.2.2 基于撞击特征的指纹特征 …………………………………………… 80
  4.3 基于动力学的动态门槛机理 ……………………………………………… 83
      4.3.1 损伤轴承的运动学模型 ……………………………………………… 83
      4.3.2 轴承损伤接触模型与冲击力分析 …………………………………… 84
      4.3.3 动态阈值特征模型 …………………………………………………… 90
  4.4 动态门槛机理实验研究与验证 …………………………………………… 91
      4.4.1 恒速条件的实验分析与验证 ………………………………………… 94
      4.4.2 变速条件的实验分析与验证 ………………………………………… 99
      4.4.3 高速列车滚动实验分析与验证 ……………………………………… 100

  4.5 小结 ··· 101

第5章 高速列车轴箱轴承状态声发射监测技术 ······································· 103
  5.1 引言 ··· 103
  5.2 高速列车滚动实验平台及测试轴承 ··· 103
    5.2.1 高速列车滚动实验平台 ··· 103
    5.2.2 测试轴承损伤状态及动态门槛 ··· 105
  5.3 指纹特征优化方法 ··· 108
    5.3.1 聚类显著性指标及其性能验证 ··· 108
    5.3.2 自适应最优动态阈值法及指纹特征优化功能 ····························· 113
    5.3.3 基于聚类显著性的定量判断 ··· 117
  5.4 轴承损伤的故障撞击统计谱 ··· 119
    5.4.1 动态故障撞击统计谱概念 ··· 119
    5.4.2 基于故障撞击统计谱的轴承损伤识别方法 ································· 121
  5.5 小结 ··· 124

参考文献 ··· 126

第 1 章 轴承状态监测技术研究现状

1.1 背景及意义

轴承作为机械装备（如高速列车）传动系统中最重要且最易损的部件之一，其健康状态直接影响机械装备运行的安全性和经济性。据统计，高速列车传动系统关键部件中 60%的故障是轴承引起的。与其他部件相比，轴承长期承受交变载荷和冲击载荷，极易造成故障失效。同时，轴承在运行过程中受到多种因素的影响使其损伤状态多样化，进而导致轴承寿命的离散性很大。此外，目前采用定期或者固定里程的轴承更换策略，尽管能够保证运行的安全性，但是在很多情况下被更换的轴承健康状态良好，远未达到其设计寿命，造成了巨大的经济浪费。

高速列车作为城际轨道交通的载体，具有速度快、输送能力强、能耗低等突出优点，为改善民生经济、维护国家安全、构建完整高效的交通运输体系作出了重要贡献。截至目前，我国"八纵八横"高速铁路网主骨架基本建成，高速铁路运营里程已超过 40000km，日运行的高速列车多达 3000 余列，高速铁路运营里程稳居世界第一位。如今，距首批高速列车投入使用已超过 16 年，运行安全性和经济性已然成为高速铁路运营中最受关注的两个方面。

近几十年来，在国内外铁路运营过程中，因列车突发故障而造成的重大事故或灾难性事故屡见不鲜。1998 年 6 月 3 日，德国 ICE884 次城际高速列车第二节车厢上的某个轮轴由于疲劳损伤断裂，造成列车脱轨并翻车，最后导致死伤 100 多人。2000 年 6 月 5 日，法国高速列车（TGV）在运行过程中，头部动车传动系统发生突发故障，造成 14 人轻伤。2008 年 4 月 28 日，北京至青岛的 T195 次列车与烟台至徐州的 5034 次列车相撞，造成 70 多人死亡、400 多人受伤。2011 年

轴承损伤状态声发射监测理论及其高速列车应用

7月23日,甬温线两列动车组发生碰撞,造成100多人死伤,直接经济损失约19371万元。2018年1月25日,由青岛开往杭州东的G281次列车由于电器设备发生故障而导致车厢着火,造成直接经济损失至少2000万元。以上案例表明,列车在复杂运行环境条件下,容易出现突发性故障。因此,为了保证列车运行的安全可靠,避免重大事故发生,必须及时准确地对列车在运行过程中的可靠性进行评估。

目前,高速列车的运维缺少有效的在线监测技术手段,主要采用定期维护的方式,尽管这种维护方式在一定程度上排除了某些不安全因素的出现,但易出现维修过剩或维修不足的局面。维修过剩会造成高速列车运维成本过高,同时又无法保证在两次维护之间不会出现异常状态。维修不足是依据产品性能指标制定维修周期,减少维修次数的维修方式。维修不足虽然提高了运行的经济性,但忽略了运行工况的多变性,很难保障轴承在极端工况条件下的安全。因此,从安全性和经济性长远考虑,需要一种行之有效的技术手段对轴承运行状态进行监测,定量评估轴承的损伤程度,在保证轴承运行安全性的前提下,能够最大限度地发挥轴承潜力,提高运行经济性。

近年来,基于状态监测(Condition-based Monitoring,CbM)的机械装备维护受到人们的广泛关注。状态监测本质上是运用各种传感器采集机械装备运行时的状态特征数据,实时监测机械装备的运行状态,使用基于信号处理的故障特征提取和诊断方法对数据进行分析,从而制定机械装备的维修策略。状态监测不仅有助于避免计划外停车或灾难性故障,提高设备服役的安全性,而且可以通过制定合理的维修策略,延长轴承的使用寿命,降低维修成本,提高运营收益。机械装备状态监测的核心问题是如何从大量监测数据中有效地提取反映机械装备运行状态的特征(尤其是早期故障特征),并根据提取的特征定量化地判断损伤状态。

当前,基于不同物理量的状态监测技术被成功用于轴承健康状态监测,主要包括温度、振幅、频率、电流、电压、功率、磁通量等。相比而言,声发射(Acoustic Emission,AE)信号是源于轴承损伤发出的弹性波,而不是由轴承损伤引起的监测对象整体的振动。从本质上讲,声发射技术在轴承早期故障诊断方面具有天然的优势。同时,由于声发射信号处于高频范围内,不易受到低频振动噪声干扰,并且采集的信号是轴承损伤本身产生的弹性波,具备了实现轴承损伤定量化评估的能力。因此，声发射信号能够直观地反映机械装备的健康状态，能够解决状态监测中最具挑战性的早期诊断和定量化评估的难题。

声发射信号分析是当前用于机械装备健康状态监测最具前景的技术手段之一。在工业应用中，尤其是在复杂工况条件下，如何进行有效的信噪分离，如何准确提取特征参数以提高状态识别的准确率，如何选择适用于不同工况的状态识别方法是目前存在的主要也是最具挑战性的问题。本书以复杂工况下的高速列车轴承为研究对象，深入研究高速列车轴承状态监测理论与方法，以及其支撑的状态监测创新技术，对进一步提高高速列车或其他机械装备运行安全性和经济性具有重要的科学意义。

1.2 列车轴承状态监测技术的研究现状

列车轴承作为传动系统中最关键且最易损的部件之一，其状态监测引起了铁路运输行业的高度关注。经过多年发展，目前列车轴承的故障诊断手段主要包括基于轨边声学的轴承状态监测、基于温度的轴承状态监测和基于振动的轴承状态监测。

1.2.1 基于轨边声学的轴承状态监测技术

在机械装备工作时，各机械部件之间的相互作用会产生机械噪声，由此衍生了用于列车轴承状态监测的轨边声学监测技术。轨边声学监测原理是在铁轨两侧安装麦克风阵列，用于采集列车通过时的机械噪声信号，再对采集的信号进行算法处理，从而实现轴承故障诊断。因其具有成本低、安装方便等优点，在轨道交通领域得到了广泛应用。

目前，国外成功应用于铁路运输行业的轨边声学监测系统主要有 TADS[①]和

---

① TADS 全称为 Trackside Acoustic Detection System，现多译为轨边声学诊断系统。

Rail BAM[①]。国内哈尔滨铁路科研所和神州高铁先后引进了 TADS，目前已在京广线、大秦线、青藏线等多条主干线路上投入使用。Rail BAM 也在一些铁路干线上投入使用。但是，传统的 TADS 和 Rail BAM 的适用速度范围低于我国高速铁路的要求，降低了轨边声学监测系统的适用性和可靠性，根据铁路运营方反馈，随着列车运行速度的不断提升，轨边声学监测系统的诊断准确率不断降低。

中国科学技术大学孔凡让教授、何清波教授课题组在轨边声学监测基础研究方面做了大量且深入的研究，主要集中在解决信号多声源、陡畸变、强噪声等技术难点，提出了声源分离、畸变校正及噪声去除等方法，但其在复杂工业现场的可靠性和有效性有待检验。

尽管轨边声学监测系统取得了不错的诊断效果，但是仍存在明显不足。其固定位置的采集方式导致采集的声学信号样本容量较小，无法满足实时监测的需求。同时，其非接触式的测量方式很容易受到现场多源噪声的影响，尤其是早期故障信号很容易淹没在噪声中，难以实现对早期故障的诊断。

1.2.2 基于温度的轴承状态监测技术

目前，高速列车轴承状态监测普遍采用的是温度报警系统。温度是高速列车传动系统重要的状态参数，列车在高负载状态下高速运行时，轴承损伤、润滑不足或失效、不对中等现象都会加剧部件之间的摩擦，从而造成温度异常。因此，利用温度对高速列车轴承进行状态监测是一种行之有效的技术手段。

高速列车轴承的温度主要依靠接触式电阻温度传感器进行监测。温度报警系统主要包括温度传感器、数据处理器、上位机和列车网络控制系统，其中，列车网络控制系统根据温度数据进行预计报警判断。我国高速铁路既有的轴承温度报警机制基本都采用绝对-相对温度报警方法，但是温度报警系统在实际应用中的效果并不理想。一是由于使用环境的不同，导致外界温度对于轴承温度的影响各不相同，所以单纯依靠温度测量值会出现判断误差。二是温度对轴承早期故障并不

---

① Rail BAM 全称为 Railway Bearing Acoustic Monitor，现多译为列车轴承声学监测器。

敏感，只依靠轴承测量温度得到的诊断结果可能会有滞后。三是各个热轴的预警范围之间并没有明显的界限，目前的预警条件并不能够完全进行准确的判断。

为了克服温度报警系统的不足，人们对轴承温度的监测与预警进行了大量研究。汤武初等人建立了高速列车轴箱-轴承温度场三维模型，通过实验分析得出润滑、载荷、损伤是影响轴承温度的主要因素，为高速列车轴承温度预警研究提供了依据。王超建立了一种考虑多工况因素的轴承温度预测模型，基于该模型制定了轴承温度实时预警策略，并开发了相应的预警系统。罗怡澜提出了时空环比的轴承温度异常诊断方法，开发了相应的预警软件，实现了无监督情况下的高速列车轴承温度在线监测。祁明明建立了基于非线性状态估计的轴承温度预测模型，基于该模型开发了高速列车轴箱轴承温度预警系统，取得了不错的预警效果。吴宇从空间与时间两个维度构建了基于层次分析法（Analytic Hierarchy Process，AHP）-熵值法优化决策的高速列车轴承温度异常监测模型，以及基于双向长短期记忆网络（Bi-directional Long Short-Term Memory，BiLSTM）实时预测的高速列车轴承温度异常监测模型，并将二者进行融合决策，实现了对高速列车热轴故障的综合评判与故障预警。

Cole等人以集总参数模型为轴承温度预测工具，实现了对异常铁路轴承温度的诊断。Ai等人建立了高速列车轴承的热网络模型（Thermal Network Model，TNM），为轴承温度预警提供了参考。Liu等人针对高速列车的热轴现象，设计了一个新的轴承温度检测系统，实现了对轴承温度的实时监测。Yao等人利用无线传输设备系统获取温度传感器信号，提出了一种基于异常指数模型的轴承状态监测方法，实现了对轴承状态的监测。Man等人提出了一种新的轴承温度数据组织形式，将轴承温度测量点按位置连接起来形成图形，在图卷积网络（Graph Convolutional Network，GCN）和门控循环单元（Gated Recurrent Units，GRU）模型的基础上，提出了一种结合GCN和GRU的新型结构，用于特征提取和轴承温度预测，取得了较好的预测效果。

实践表明，监测轴承温度在一定程度上能预防轴承故障的发生，但在实际运用中，温度对大部分轴承早期故障并不敏感，并且受环境影响较大。当轴承温度超限报警时，往往轴承已经产生比较严重的损伤，甚至已经发生事故。因此，为了能更早、更准确地掌握轴承损伤演变至故障的变化规律，应进行新的轴承状态监测理论与技术的研究。

1.2.3　基于振动的轴承状态监测技术

传动系统的结构决定了其振动响应特性。旋转部件在高速运转时，其局部缺陷的振动会产生一系列周期性脉冲，振动信号中包含了丰富的周期性故障信息。同时，振动具有很强的传递性，具有直接、覆盖范围广等特点。因此，基于振动的轴承状态监测技术已经在工业界和学术界得到广泛关注。

目前，车载监测系统同时采集了其他状态信息，配合振动信号对轴承状态进行监测。例如，瑞典 SKF 公司推出了 Axletronic 传感器，可集合速度、温度、振动等信号，对列车轴承状态进行监测；日本 NSK 公司开发了针对列车轴承特点的加速度传感器，实现了对列车轴承状态的监测；德国 ICE3 高速列车搭载的旋转部件在线监测系统，实现了列车轴承状态的监测，其中最主要的部分就是振动传感器；国内唐智科技发展有限公司和常州路航轨道交通有限公司分别开发了在线监测车载系统，实现了部分车辆搭载，其主要技术手段是振动信号监测技术。由于轴承与各相连部件在列车运行过程中的相互耦合作用，导致采集的信号包含了多个机械系统的振动信息；此外，多种先进调制解调技术的滤波频率特性存在差异，给轴承故障信号特征提取和状态评估带来了极大的困难。

国内外学者在轴承故障特征提取和状态评估方面进行了大量研究，取得了丰硕的成果，大致可分为时域特征分析、频域特征分析、时频域特征分析和智能诊断。

在轴承故障诊断领域，时域特征分析是最传统也是最直观的诊断方法之一。有量纲的特征参数通常与机械装备的载荷和转速密切相关，并且受机械装备运行工况的影响较大，如峰值、均方根值、平均幅值等指标。其中，均方根值能较好地表征轴承状态，是应用最广泛的指标。无量纲的特征参数对信号振幅和频率的变化不敏感，受信号概率密度函数影响较大，如峭度、偏斜度、裕度等指标。其中，峭度对信号冲击最为敏感，在轴承故障诊断中得到了广泛应用。除此之外，基于非线性信号的定量描述方法也被用于轴承故障诊断。其中，熵能有效地描述轴承信号的复杂程度和混乱程度。在高速列车轴承故障状态监测领域，时域特征分析常与概率密度、形态滤波等方法相结合，实现对轴承状态的快速诊断，时域特征也常作为后续评判频域特征提取方法优劣的指标。

尽管时域特征分析取得了一定的诊断效果，但是在实际工况下采集的轴承信号十分复杂，往往很难从时域中直接提取与故障相关的特征信息。频域特征分析将信号从时域转换到频域，能够获得信号的各个频率成分，从中可以提取周期性故障部分。基于傅里叶变换的包络谱分析是处理调制信号的经典方法，通过包络谱分析，能将信号从高频共振频带转移到低频共振频带，从而进行故障特征分析，简化信号处理过程。在上述方法的基础上，发展了共振解调技术，即通过对轴承信号的高频共振频带进行带通滤波，将高频信号中的故障特征成分从复杂信号中分离出来，之后利用包络谱分析实现轴承故障诊断。其中，共振频带的选择是共振解调能否成功的关键。

以谱峭度（Spectrum Kurtosis，SK）为代表的共振频带优选方法，通过筛选最优频带来实现故障信号的共振解调。谱峭度最早是由Dwyer提出的，其对信号中的瞬态冲击非常敏感，能够有效地从含有噪声的信号中识别瞬态冲击，但是由于缺乏正式定义及计算过程复杂，在一段时期内未得到推广应用。直到2006年，Antoni等人正式定义了非平稳随机过程的谱峭度系数，为分析滚动轴承非平稳故障信号奠定了理论基础。随后Antoni又提出了基于短时傅里叶变换的Kurtogram（一种谱峭度分析算法）和基于二叉树固定滤波器组的快速谱峭度（Fast Kurtogram）。为了自适应地选择轴承故障共振频带的中心频率和带宽，Lei等人使用小波包变换替代了Kurtogram中的短时傅里叶变换，进一步提高了故障特征提取的准确性。随后，Barszcz等人提出了利用包络谱的谱峭度来提高最佳解调频带选择精度的Protrugram方法。Antoni引入了Infogram（一种信号处理算法）的概念对Kurtogram进行改进，进一步提升了最优频带的选择精度。随后，TIEgram等算法被提出，取得了良好的诊断效果。此外，谱峭度类算法也在高速列车轴承故障诊断中得到了应用。尽管上述基于谱峭度或其改进方法在轴承故障诊断方面做出了突出贡献，但受限于固定滤波频带划分策略，其难以准确选择最优频带。此外，周期性谐波干扰和非周期性瞬态冲击也会对上述方法产生干扰，导致对最优频带的选择含有多种不确定性。

解卷积算法通过迭代更新滤波器，使输出信号的目标函数达到最优值，从而恢复故障冲击信号。Wiggins 等人最早提出了最小熵解卷积（Minimum Entropy Deconvolution，MED）方法，但是该方法被应用于地震低频信号处理。随后，Sawalhi 等人将其引入轴承故障诊断领域，因其具有自适应地确定最优频带的特点，在故障诊断领域得到了广泛应用，但其对随机冲击噪声敏感，会导致对最优频带的选择错误。McDonald 等人提出了相关峭度的概念，以及对应的最大相关峭度解卷积（Maximum Correlated Kurtosis Deconvolution，MCKD）方法，该方法兼顾了信号的冲击性和周期性。然而，MCKD 方法由于输入参数多、依赖先验周期、要求苛刻等缺陷，导致了其应用范围受限。随后，McDonald 等人引入了多重 D 范数的概念，并提出了多点最优最小熵解卷积调整（Multipoint Optimal Minimum Entropy Deconvolution Adjusted，MOMEDA）方法，取得了不错的诊断效果，但强噪声对其诊断准确性仍有显著影响。Marco 等人提出了最大二阶循环平稳盲反卷积方法，该方法可以从含有强烈噪声的信号中提取微弱的故障冲击。然而，最大二阶循环平稳盲反卷积的效果在很大程度上取决于循环频率的合理设置。以上方法及其改进方法成为了研究热点，并在高速列车轴承故障诊断领域得到了应用。

除了谱峭度类算法和解卷积类算法，隶属于时频域特征分析的分解类算法利用设定的准则，将信号中的不同分量分解为不同模态，为多分量调制问题和复杂工况下的早期故障特征提取问题提供了解决方案。Huang 等人结合经验模式分解（Empirical Mode Decomposition，EMD）方法和希尔伯特（Hilbert）变换，提出了经典时频分析方法（Hilbert-Huang 变换），随后该方法被广泛用于机械装备故障诊断领域，但是 EMD 方法存在模态混叠、端点效应等明显缺点。随后，Wu 等人提出了集合经验模态分解（Ensemble Empirical Mode Decomposition，EEMD）方法。EEMD 方法是一种噪声辅助数据分析方法，通过在信号中加入辅助噪声进行 EMD，对于抑制模态混叠现象起到了一定的效果。Simth 等人提出了自适应局部均值分解（Local Mean Decomposition，LMD）方法。LMD 方法能自适应地将信号分解为若干个乘积函数（Product Function，PF）和残余分量，PF 分量由包络信号和调频信号相乘得到。相较于 EMD 方法，LMD 方法收敛速度更快、计算精度更高，但仍存在模态混叠、端点效应等缺陷。Dragomiretskiy 等人提出变分模态分解（Variational Mode Decomposition，VMD）方法。VMD 采用非递归处理策略，将模态分量求解过程转移到变分框架，通过构造并求解约束变分问题完成模态分量提取。与其他分解方法相比，VMD 方法具有坚实的数学理论基础，消除了递归筛选和剥离的约束，可以有效地缓解或避免其他分解方法的缺点，具有良好的噪声鲁棒性。上述分解类算法及其改进算法成为了研究热点，并在高速列车轴承故障诊断领域得到了应用。

智能诊断也是轴承故障诊断重要的研究领域，其步骤主要包括特征提取阶段和模式识别阶段。首先，在特征提取阶段，对状态监测获得的信号，使用信号分析方法构建训练样本集和测试样本集；其次，基于机器学习方法，利用包含各个状态类别的训练样本集对模型进行训练；最后，在模式识别阶段，使用训练好的模型对测试样本的状态进行识别和分类，从而实现对故障的智能诊断。智能诊断方法主要包括支持向量机、专家系统、神经网络、贝叶斯网络、决策树、深度学习和隐马尔可夫模型等经典算法。以上各种智能诊断算法及其对应的改进算法已成为了轴承故障诊断领域研究的热点，部分算法在高速列车轴承故障诊断中得到了应用。

工程实践表明，基于振动信号的分析能进一步提高轴承状态监测的技术水平，但仍存在不足。早期的轴承损伤缺陷尺寸微小、周期性冲击微弱，由于目前的传感器灵敏度已达到其物理极限，很难感知高速列车轴承早期缺陷的振动响应。同时，损伤的振动响应易受到外部干扰影响，经过算法解调之后会产生较大畸变；算法差异性也使得表征损伤的特征参数存在较大差异，限制了对轴承损伤的定量化评估。因此，未来需要采用具有高频、高灵敏度特性，能够感知早期损伤响应的新技术，克服传动系统本体振动和环境低频噪声的影响，弥补基于振动的轴承状态监测技术的不足。

1.3 声发射技术在轴承状态监测领域的研究现状

声发射信号来源于材料损伤能量快速释放产生的弹性波，对早期轴承故障诊断具有天然的优势。而且声发射信号处于高频范围内，从本质上讲，轴承损伤响应声发射信号不易受各种低频振动噪声干扰。其信号成分主要来自损伤冲击所产生的弹性波，属于一次信号，有助于对轴承损伤状态进行定量化评估。与振动技术相比，声发射技术具有更强的在线监测实时性。因此，声发射技术适合于轴承状态监测。

1.3.1 声发射技术

声发射是材料中局域源快速释放能量并瞬时产生弹性波的过程，材料变形、断裂、磨损、剥落及疲劳等都会产生弹性波。声发射检测原理如下：声发射源发出的弹性波，经介质传播到达被测物体表面，引起表面位移，声发射传感器将采集的表面位移信号转换成电荷振荡信号，进而形成电压信号，然后再将电压信号进行放大和处理，可形成原始声发射波形及其特征参数，最后根据信号特性对声发射源的位置、损伤的具体程度进行评估。声发射检测原理如图 1-1 所示。

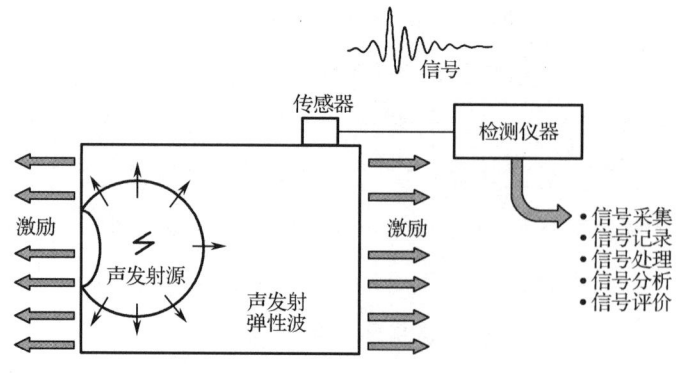

图 1-1 声发射检测原理

第1章 轴承状态监测技术研究现状

声发射技术属于无损、动态监测技术，能够做到实时在线监测，与其他监测手段相比，具有以下特点。

（1）检测灵敏度很高，据资料记载，可检测到 10^{-14}m 的微小位移。各种方法对部件故障检测的灵敏程度如图 1-2 所示。

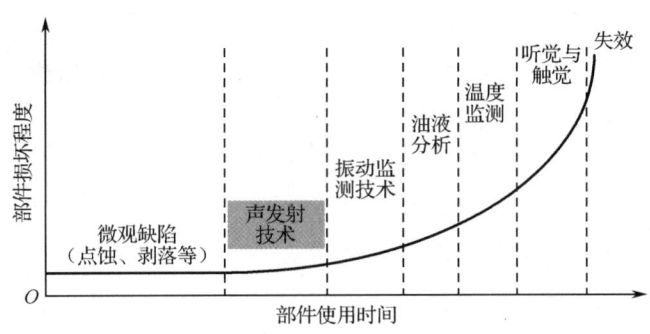

图 1-2　各种方法对部件故障检测的灵敏程度

（2）声发射信号属于高频信号，其频率一般在 20kHz 以上，有效抑制了现场低频噪声对声发射信号的影响。

（3）声发射传感器安装灵活，不受安装方式的限制，只需将声发射传感器固定在待测物体表面或附近即可。

（4）轴承损伤对应的声发射信号由基于撞击的周期性冲击组成，根据撞击特征参数分析，可实现对轴承损伤的定量化评估。

（5）声发射信号随时间、载荷、转速等参数实时变化，具有在线监测实时性。

（6）声发射技术不仅适用于中速旋转设备的故障诊断，而且适用于高速、低速重载旋转设备的故障诊断。

声发射技术早期主要用于压力容器、岩石及工业静态设备的故障诊断研究，而用于轴承等机械动力设备的故障诊断研究起步较晚。近年来，随着电子设备和信息技术的发展，该技术在轴承等机械动力设备的故障诊断研究中得到关注。目前，国内外在基于声发射的轴承故障诊断方面研究仍处于起步阶段，与基于振动的轴承状态监测相比，这方面研究相对较少，特别是声发射在高速列车轴承状态监测中的研究几乎处于空白阶段。

1.3.2 轴承状态声发射机理研究

现阶段，基于声发射的轴承状态监测研究主要集中在故障特征提取与轴承状态识别方面，而轴承状态与声发射信号之间对应机理关系的研究却十分有限。

张艾萍等人通过现场实验研究，证明了轴承接触表面之间的互相摩擦是产生声发射信号的原因，声发射信号随着摩擦力的增大而逐渐增大，但该研究也只是在实验现象基础上说明了粗糙接触是产生声发射的主要原因，并没有进行轴承元件间粗糙接触和声发射响应之间的机理研究。Mokhtari 等人解释了滑动轴承产生声发射响应的原因，即两个摩擦接触面相互作用使得材料晶格状态发生变化，引起位错运动而释放弹性能，从而产生声发射信号。但该研究缺少声发射信号与轴承故障之间的量化联系。为了进一步探究轴承粗糙接触和声发射响应之间的机理关系，Baranov 等人利用偏差理论和连续随机方程建立了粗糙接触理论模型，并基于 Hertz 接触理论，研究了声发射信号特征与粗糙表面摩擦之间的对应关系，该理论模型后来被广泛引用。随后，Fan 等人以滑动摩擦塑性理论为基础建立了新的理论模型。该理论模型将表面粗糙接触等效为光滑平面与参考平面的接触，同时假定所有微凸体的顶部为球形且曲率半径相同，通过等效简化计算，得到了微凸体在弹性变形中的能量释放率。Sharma 等人在 Fan 等人的研究基础上，结合弹流润滑理论，建立了声发射能量释放率、速度和负载之间关系的理论模型，解释了不同因素对声发射能量的影响。Patil 等人以球轴承为研究对象，建立了声学和动力学组合模型，研究了轴承负载、速度和游隙对声发射信号的影响。

与传统轴承相比，高速列车轴承（如高速列车双列圆锥滚子轴承）的结构和受力更为复杂。目前还没有系统理论或数学模型来揭示高速列车轴承在工作过程中产生声发射信号的具体物理机制。此外，对弹性波在传播过程中弹性能衰减的系统函数研究较少，更缺乏不同类型损伤缺陷对声发射响应影响的研究。

1.3.3 轴承状态感知声发射技术

声发射传感器作为声发射监测系统的前端和核心部件,对声发射信号的准确感知和声电转换至关重要。从结构上看,声发射传感器主要分为聚偏氟乙烯声发射传感器、微机电系统声发射传感器和光纤光栅声发射传感器。此外,考虑到高速列车结构的强烈振动及轴承损伤声发射信号的独特性,压电声发射传感器更适合于对高速列车轴承健康状态的长期监测,但目前尚无系统的高频窄带高灵敏度的声发射传感器设计理论与技术方法。

1.3.4 基于时域特征的分析方法

声发射技术是一种基于时域撞击特征的实时监测技术。因此,传统基于声发射的轴承故障诊断主要集中在时域特征参数分析。

Fujiwara 研究了声发射在滚动轴承故障检测中的适用性,发现声发射能早于振动识别出轴承的早期损伤。随后,Tandon 和 Nakra 采用声发射振铃计数与峰值参数,在固定门槛条件下,对不同径向载荷下的轴承给定损伤状态进行了诊断实验,发现峰值参数更有利于识别轴承微小损伤。Nishimoto 和 Kameno 研究了轴承接触疲劳与声发射特征参数之间的对应关系,提出了基于声发射特征的轴承疲劳状态评估方法,完成了对轴承损伤状态的有效识别。Choudhury 和 Tandon 提出撞击计数与幅值的相关分析方法,在交变载荷、不同缺陷尺寸和不同转速条件下,完成了基于不同门槛值的对滚动轴承内圈与滚子损伤程度的评估。Al-Ghamd 和 Mba 研究了在径向载荷作用下,均方根值与幅值这两个声发射特征与滚动轴承外圈故障之间的模型关系,同时研究了持续时间与故障缺陷大小之间的关系,提出了轴承的退化率指标,实现了对轴承损伤程度的评估。Elforjani 利用多个传感器之间的时间差对低速轴承故障进行了定位研究,完成了对轴承损伤几何位置的判断。Wahyu 等人基于声发射撞击特征参数和最大 Lyapunov 指数(Largest Lyapunov Exponent,LLE)算法,研究了低速可逆回转轴承的状态监测方法;利用声发射波形的 LLE 特征参数，预测了给定缺陷轴承的损伤变化趋势。Hecke 利用外差降频法和时间同步重采样法，对声发射信号进行了分析处理，提取了故障特征，并对不同特征指标（Shannon 熵、直方图下界等）的有效性进行了评估，实现了不同损伤状态下低速轴承的故障诊断。柳小勤针对低速重载轴承，采用小波包分解的最优时差计算方法，实现了对轴承损伤的定位，同时提高了定位精度。Tang 基于横纵波的多传感器间的时差，提出了一种基于空间定位的轴承损伤定位方法，实现了对轴承损伤的定位。

由于声发射技术的高频、高灵敏度特性，基于轴承损伤冲击性的时域特征参数研究已成为轴承损伤状态评估的重要研究方向。但由于声发射时域特征参数多样性及门槛条件限制，使轴承损伤状态的评估模型具有较大差异。同时，当前无法通过对定位或撞击特征参数的统计分析进行轴承故障的周期性研究，限制了声发射时域参数在轴承故障类型识别领域的应用。

1.3.5 基于频域特征的分析方法

近年来，随着故障诊断研究的发展，现代信号处理方法逐渐被引入声发射信号处理中，弥补了时域特征统计分析方法的不足，提高了轴承故障诊断的成功率。

Eftekharnejad 采用谱峭度方法检测轴承早期故障，在故障周期性分析方面取得了很好的诊断效果。Kilundu 利用循环谱相关法，从滚动轴承故障声发射信号中识别早期缺陷，与传统的包络谱方法相比，该方法具有更高的灵敏度。Li 将基于阈值的降噪技术引入经验模态分解，提高了响应信噪比，并提取多个参数特征进行融合，提出了损伤状态评估方法，取得了较好的诊断效果。Chacon 提出了一种结合小波包去噪、Hilbert 变换和自相关函数的故障特征提取方法并进行了相关实验。实验结果表明，该方法比传统的包络谱方法能更有效地检测轴承早期故障。张晓涛利用 Protrugram 算法完成了对轴承故障频带的选取，并对选取的窄带信号进行了包络解调，提取了故障特征频率，完成了轴承故障识别。Wang 将小波包降噪方法与改进的核熵成分分析方法相结合，提出了一种新的粒子群优化方法，并在经验范围内搜索全局优化核参数。实验结果表明，该方法能够有效地识别滚动轴承的疲劳损伤。Elasha 采用自适应滤波、谱峭度和包络谱分析 3 种信号处理方法，研究行星齿轮轴承声发射信号处理方法。该方法提取了轴承故障周期性特征信息，结果表明，声发射较振动分析能够更早地感知轴承微小损伤。Liu 研究了声发射信号的倒谱分析方法，从原始信号中解调出早期故障特征，同时，利用形态包络分析对信号进一步滤波，完成了对轴承早期故障的诊断。

频域分析能够解调出周期性故障特征，判别故障类型。虽然基于频域特征的分析方法弥补了基于时域特征的分析方法周期性分析上的不足，但是其算法的多样性也会导致同一损伤特征的表征差异，使得难以对轴承损伤进行定量化评估。此外，声发射信号采样率高、数据量大的特点影响了信号的处理速度。

1.3.6 基于智能诊断与预测的分析方法

除了基于时域特征的分析方法和基于频域特征的分析方法，基于智能诊断与预测的分析方法（如模式识别、聚类算法等非线性方法）也是轴承故障诊断中进行定量化评估的重要方法。Jamaludin 探索了声发射在低速轴承监测中的应用，采用 K 均值聚类算法对滚动轴承上的线缺陷进行状态分类，取得了很好的效果，但该模型不适应对未知故障类型的分析。Widodo 提出了基于关联向量机和支持向量机的状态分类方法，通过声发射特征降维与分类，实现了低速轴承状态诊断。Taha 利用神经网络算法建立了声发射特征与轴承典型损伤状态之间的模型关系，有效地区分了不同的轴承损伤状态。Pandya 提出了基于非对称邻近函数（Asymmetric Proximity Function，APF）和 K 最近邻（K-Nearest Neighbor，KNN）算法的轴承故障诊断方法，与监督分类方法相比，APF-KNN 方法具有更高的分类效率。Pomponi 提出了一种新的实时聚类算法，从多维度的数据中推断聚类的数量及元素，实现了对轴承典型故障类型的识别。Elforjan 建立了线性回归分类器与多层人工神经网络相结合的预测模型，给定了声发射特征与相应的轴承磨损之间的相关关系，所提模型对典型损伤状态具有良好的预测性。Motahari 利用声发射信号频域特征和自适应神经模糊推理方法，对轴承损伤状态进行了分类与预测，同时利用声发射时域信号特征、改进距离评估方法和 KNN 算法，实现了在润滑不足条件下的轴承状态评估。

以上基于智能诊断与预测的分析方法对轴承状态评估具有重要的理论意义，然而，由于缺乏实际轴承故障的大量历史数据及样本，加之在轴承故障诊断时声发射信号数据量大、计算成本高，使得目前基于智能诊断与预测的分析方法在高速列车轴承状态监测中难以应用。

1.4 基于声发射的高速列车轴承状态监测面临的挑战

综上所述，声发射技术适合于对轴承早期故障的诊断和定量化评估。然而，基于声发射的轴承状态监测涉及的基础理论与研究方法还远未完善，现有的研究大多是基于实验室理想环境下的简单验证，面向复杂工况下的高速列车轴承状态监测研究几乎处于空白。因此，建立可靠的高速列车轴承状态评估模型仍面临诸多难题和挑战。

（1）缺少高速列车轴承声发射的机理模型。高速列车双列圆锥滚子轴承的结构和受力复杂，其运行速度、交变载荷、润滑条件等因素不断变化，目前尚无理论或数学模型来揭示高速列车轴承在运转过程中产生声发射信号的具体机理。只有明晰声发射信号与轴承状态之间的机理关系，才能为声发射技术在轴承状态监测中的应用提供理论依据。因此，建立高速列车轴承声发射机理模型，是实现轴承状态监测首要解决的关键科学问题。

（2）由于感知轴承损伤的声发射传感器设计理论与方法的研究进展缓慢，使现有故障诊断方法不能同时兼顾声发射实时性和轴承故障周期性。基于时域撞击特征参数统计分析方法只能提供诊断参考，没有考虑轴承故障周期性。基于频谱分析方法由于声发射信号采样率高、数据量大，通常需要较长时间才能获得计算结果，特征分析效率较低。同时，目前声发射传感器高频抗干扰性较弱，在高速列车运行环境中，声发射信号经常受到列车运行速度、复杂噪声和负载变化的影响。因此，迫切需要一种兼顾声发射实时性和轴承故障周期性，主要感知损伤状态的声发射传感器设计理论，为适应实时跟踪速度与时间变化的轴承故障识别方法提供技术支持。

（3）难以实现复杂工况条件下对轴承损伤状态的定量化评估。目前，基于声发射的轴承故障诊断与状态评估研究，大多停留在装配有人为制造规则形状缺陷轴承的简单实验台的理想环境，而高速列车运行工况复杂，轴承在运行中会频繁受到运行速度、复杂噪声、负载变化等因素的影响，导致应用于实验室环境的损伤定量化评估方法在复杂的工业场景中失效。因此，如何高效、准确地识别声发射信号中隐藏的轴承状态信息，实现对轴承损伤状态的定量化评估，是高速列车轴承状态评估亟待解决的难题。

（4）难以实现多源干扰下的轴承早期复合故障特征提取。高速列车运行工况复杂，经常受到路谱冲击、随机冲击、谐波等干扰，多干扰源会使声发射信号的成分更加复杂，复合故障特征提取变得更加困难。同时，受到复杂传递路径影响，早期故障冲击成分会变得更加微弱，更容易被噪声所淹没，给故障特征提取带来了极大的困难。因此，如何通过信号处理方法对干扰源进行有效抑制并增强复合故障特征，是当前故障诊断领域中一个亟待解决的问题。

（5）基于数据驱动和模型的评估和预测方法在实际应用中仍存在局限性。目前，人们对所建立模型的损伤等级和使用寿命没有明确的划分和定义，缺乏对轴承损伤状态评估和预测的基本支持。当在实际应用中安全性具有最高优先级时，很难获得足够的训练数据集，导致基于数据驱动的预测方法难以实施。同时，在高速列车实际运行工况下，基于模型的方法会受到各种不确定因素影响，导致其评估和预测失效。因此，迫切需要一种在实际应用中更为实用的轴承损伤状态评估方法或模型。

第 2 章　轴承损伤声发射与振动响应

2.1　引言

　　轮对和电机等传动系统的轴承是高速列车的重要部件，其质量和性能直接影响高速列车的整体安全性。因此，监测轴承状态用于早期故障诊断，对确保高速列车的安全运行至关重要。然而，由于高速列车系统的复杂性和复杂的运行条件，采集的信号往往受到环境噪声、传输路径和信号衰减的污染，难以准确提取轮对轴承的早期故障特征。振动监测在轴承故障诊断中的应用最为广泛，声发射技术也是一种强有力的工具。本章分析对比了振动和声发射技术在诊断自然退化轮对轴承适用性方面的特点。此外，本章提出了最大二阶循环平稳盲反卷积（CYCBD）和基于 Z 变换的线性调频解调（CZT）的故障诊断方法，用于轮对轴承的早期复合故障诊断。采用优化 CYCBD 增强故障引起的冲击响应，消除环境噪声、传输路径和信号衰减的干扰。基于 Z 变换的线性调频解调用于提高频率分辨率，在有限的数据长度条件下准确匹配故障特征。仿真信号和真实数据集验证了该方法的有效性。结果表明，与最小熵反卷积（MED）和最大相关峭度反卷积（MCKD）方法相比，该方法能有效检测轴承故障。本章还研究了在接近实际线路运行条件的情况下，应用振动诊断解调技术可实现基于自然退化高速列车轴承声发射响应的损伤诊断，可有效克服声发射响应高采样率带来的数据量大的不足。

2.2　基于反卷积和线性调频的轴承损伤诊断方法

2.2.1　最大二阶循环平稳盲反卷积

　　最大二阶循环平稳盲反卷积是一种新的基于广义瑞利熵的盲反卷积方法，采

第2章 轴承损伤声发射与振动响应

用迭代特征值分解算法求解。以二阶循环平稳性指标（ICS_2）的最大值作为提取故障特征的计算终止条件。该特性[①]适合于减少噪声影响并突出源自轴承故障的周期性冲击信号。盲反卷积的目的是从噪声信号 S 中提取故障冲击信号 x。

$$x = Sf \tag{2-1}$$

$$\begin{bmatrix} x_{N-1} \\ \vdots \\ x_{L-1} \end{bmatrix} = \begin{bmatrix} S_{N-1} & \cdots & S_0 \\ \vdots & \ddots & \vdots \\ S_{L-1} & \cdots & S_{L-N} \end{bmatrix} \begin{bmatrix} f_0 \\ \vdots \\ f_{N-1} \end{bmatrix} \tag{2-2}$$

式中，f 为滤波器系数矩阵，N 为滤波器的长度，L 为噪声信号 S 的采样点数。

ICS_2 是描述信号能量周期性波动的频域指标，其周期性信息一般反映轴承故障的发生。ICS_2 的一般表达式为

$$\text{ICS}_2 = \frac{\sum |c_x^k|^2}{|c_x^0|^2}\bigg|_{k>0} \tag{2-3}$$

$$c_x^k = \frac{1}{L-N+1} \sum_{l=N-1}^{L-1} |x_l|^2 \, \text{e}^{-\text{j}2\pi\alpha l} \tag{2-4}$$

$$c_x^0 = \frac{\|x\|^2}{L-N+1} \tag{2-5}$$

$$\alpha = \frac{k}{T}, \quad k = 1, 2, \cdots, K \tag{2-6}$$

式中，k 为样本指数；α 为循环频率，与故障冲击的周期 T 直接相关；L 为信号长度；l 为变量，其取值范围为 $[N-1, L-1]$，其中，N 是故障冲击信号 x 的长度。循环频率 α 由故障特征周期频率集组成。为后续计算方便，将故障特征周期频率等效为循环频率 α。

为了提取测量信号中的周期性故障特征，选择最优滤波器 f 来最大化 ICS_2。ICS_2 的矩阵表达式可以写为

$$\text{ICS}_2 = \frac{f^{\text{H}} S^{\text{H}} W S f}{f^{\text{H}} S^{\text{H}} S f} = \frac{f^{\text{H}} R_{\text{SWS}} f}{f^{\text{H}} R_{\text{SS}} f} \tag{2-7}$$

[①] 指 CYCBD 方法能够凸显故障周期性冲击信号的特性。

式中，R_{sws} 和 R_{ss} 分别是加权相关矩阵和相关矩阵，加权矩阵 W 可定义为

$$W = \begin{bmatrix} \ddots & & 0 \\ & P[|x|^2] & \\ 0 & & \ddots \end{bmatrix} \frac{(L-N+1)}{\sum_{l=N-1}^{L-1}|x|^2} \qquad (2\text{-}8)$$

$$P[x] = \frac{EE^{\text{H}}|x|^2}{L-N+1} \qquad (2\text{-}9)$$

$$E = \begin{bmatrix} e^{-j2\pi\frac{1}{T}(N-1)} & \cdots & e^{-j2\pi\frac{K}{T}(N-1)} \\ \vdots & \ddots & \vdots \\ e^{-j2\pi\frac{1}{T}(L-1)} & \cdots & e^{-j2\pi\frac{K}{T}(L-1)} \end{bmatrix} \qquad (2\text{-}10)$$

公式（2-7）是广义瑞利熵。基于广义瑞利熵的性质，求解 ICS_2 可以转化为求解广义瑞利熵的最大特征值：

$$R_{\text{sws}}f = R_{\text{ss}}f\lambda \qquad (2\text{-}11)$$

广义瑞利熵的最大特征值 λ 所对应的特征向量 f 即为最大二阶循环平稳盲反卷积的最优滤波器。

2.2.2 基于 Z 变换的线性调频解调

针对声发射响应高采样率及数据量有限，而导致频率分辨率低的问题，在不增加采样点数的情况下，CZT 方法可以有效地细化目标频带，获得更精确的频率值。该方法适用于对振动信号和声发射信号的包络谱细化，可诊断轴承损伤缺陷，具体说明和流程如下。

假设 $x(n)$ 是已知离散时间的声发射响应序列，则可以定义 $x(n)$ 的 Z 变换为

$$X(z) = \sum_{n=0}^{\infty} x(n)z^{-n} \qquad (2\text{-}12)$$

式中，$z = e^{sT_s} = e^{(\sigma+j\Omega)T_s} = e^{\sigma T_s}e^{j\Omega T_s} = Ae^{j\omega}$；$s$ 为复变量；ω 为角度，$\omega = \Omega T_s$；T_s 为采样周期。对公式（2-12）中 z 进行修改如下：

$$z_r = AW^{-r} \tag{2-13}$$

式中，$A = A_0 e^{j\theta_0}$，$W = W_0 e^{-j\varphi_0}$。因此，可得到：

$$z_r = A_0 e^{j\theta_0} W_0^{-r} e^{j\varphi_0 r} \tag{2-14}$$

式中，A_0 和 W_0 是任意正实数。给定 A_0、W_0、θ_0 和 φ_0，当 $r=0,1,\cdots,\infty$，可以得到 z 平面上 $z_0,z_1,\cdots,z_\infty$ 的所有点，从而得到 $x(n)$ 在这些点处的 Z 变换如下：

$$X(z_r) = \text{CZT}[x(n)] = \sum_{n=0}^{\infty} x(n) z_r^{-n} = \sum_{n=0}^{\infty} x(n) A^{-n} W^{nr} \tag{2-15}$$

公式（2-15）是 CZT 的变换定义。

CZT 变换的变换路线如图 2-1 所示。

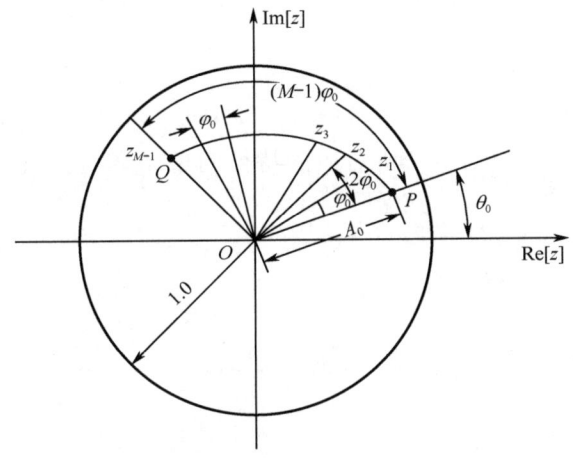

图 2-1 CZT 变换的变换路线

当 $r=0$，$z_0 = A_0 e^{j\theta_0}$ 时，P 点在 z 平面上的幅值为 A_0，相位为 θ_0，P 点为 CZT 的起点。对于第 M-1 点（Q 点），其向径为

$$Q = A_0 e^{j\theta_0} W_0^{-(M-1)} e^{j(M-1)\varphi_0} \tag{2-16}$$

当 $A_0 = W_0 = 1$ 时，CZT 的变换路径是单位圆上的弧，从 P 点开始，到 Q 点结束，这是提出的频谱分析范围。P 和 Q 之间点 M 的个数不一定等于数据点 n 的个数。假设 $x(n)$ 长度为 $n=0,1,\cdots,N-1$，其变换长度为 $r=0,1,\cdots,M-1$，则有

$$X(z_r) = \sum_{n=0}^{N-1} x(n) A^{-n} W^{nr} \qquad (2\text{-}17)$$

由于

$$nr = \frac{1}{2}[r^2 + n^2 - (r-n)^2]$$

因此，公式（2-17）可以写成

$$X(z_r) = \sum_{n=0}^{N-1} x(n) A^{-n} W^{\frac{r^2}{2}} W^{\frac{n^2}{2}} W^{-\frac{(r-n)^2}{2}} \qquad (2\text{-}18)$$

令 $g(n) = x(n) A^{-n} W^{\frac{n^2}{2}}$，$h(n) = W^{-\frac{n^2}{2}}$，因此，

$$X(z_r) = W^{\frac{r^2}{2}} \sum_{n=0}^{N-1} g(n) h(r-n) = W^{\frac{r^2}{2}} [g(r) * h(r)] = W^{\frac{r^2}{2}} y(r) \qquad (2\text{-}19)$$

其中

$$y(r) = g(r) * h(r) = \sum_{n=0}^{N-1} g(n) W^{-\frac{(r-n)^2}{2}}, \quad r = 0, 1, \cdots, M-1 \qquad (2\text{-}20)$$

图 2-2 为 CZT 的计算步骤。

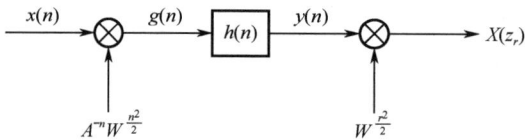

图 2-2　CZT 的计算步骤

2.2.3　解卷积和线性调频相融合的诊断算法

由上述理论分析可知，循环频率 α 的设置对故障诊断效果有显著影响，因此，可以在预定指标的基础上，在一定频率范围内自适应地选择 α 的最优值。为了找到最优的循环频率，笔者提出了故障信噪比指标 SNR_f。SNR_f 是指故障频率范围在包络谱的整个频率范围中所占的比例，用来估计故障频率的显著性。它的计算公式为

$$\text{SNR}_f = \frac{\sum_{n=1}^{N} X(f \cdot n) - \overline{X}}{N \times \overline{X}} \quad (2\text{-}21)$$

式中，N 为谐波阶数，$X(\cdot)$ 为频率对应的振幅，$\overline{X}$ 为振幅的平均值。考虑到谐波的波动，设 f 为故障频率范围附近最大幅值的频率，$f = \max(f_c \pm \mathrm{d}f)$，其中，$f_c$ 为理论故障频率，$\mathrm{d}f$ 为频率波动范围。当信噪比达到最大值时，相应的周期频率最优，故障频率最为显著。基于 CYCBD 和 CZT 的信号处理算法流程如图 2-3 所示。

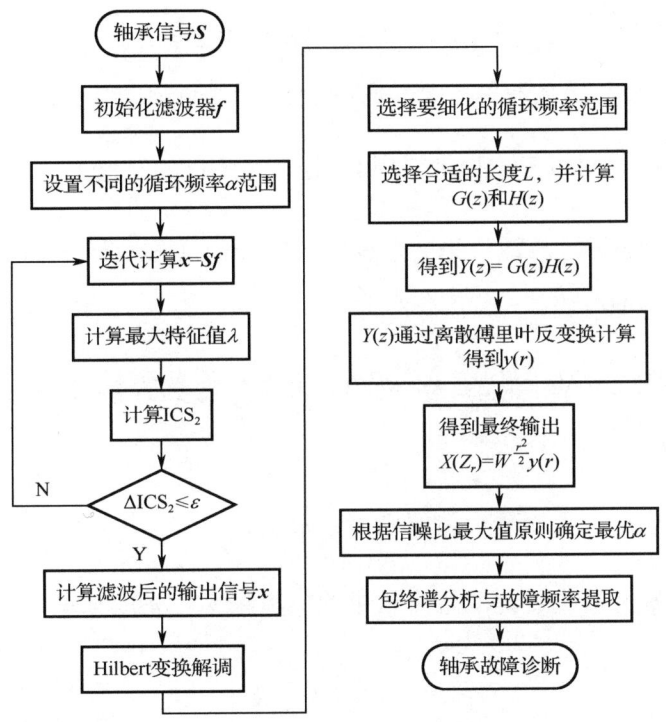

图 2-3 基于 CYCBD 和 CZT 的信号处理算法流程

算法的具体步骤如下。

步骤 1：输入轴承信号 $\boldsymbol{S}$。

步骤 2：初始化滤波器 $\boldsymbol{f}$。

步骤 3：设置不同的循环频率 α 范围。

步骤 4：根据输入信号 S 和滤波器 f 计算 x。

步骤 5：计算最大特征值 λ 对应的滤波器 f。

步骤 6：如果 ΔICS_2 小于或等于给定阈值 ε，停止循环；否则，返回步骤 4。

步骤 7：对得到的 $x(n)$ 进行 Hilbert 变换解调。

步骤 8：根据转速和轴承参数，计算轴承各部件的理论故障频率，确定待细化的频率范围。

步骤 9：给定 L 的值，将 $g(r)$ 和 $h(r)$ 分别加零至与 L 相同的长度，然后计算这两个序列对应的 L 个点的离散傅里叶变换，从而得到 $G(z)$ 和 $H(z)$，其中，$0 \leqslant r \leqslant L-1$。

步骤 10：将 $G(z)$ 和 $H(z)$ 相乘得到 $Y(z) = G(z)H(z)$。

步骤 11：$Y(z)$ 通过离散傅里叶反变换（Inverse Discrete Fourier Transform，IDFT）计算得到 $y(r)$。

步骤 12：只将 $y(r)$ 的前 M 值乘以 $W^{\frac{r^2}{2}}$，得到最终输出 $X(z_r)$，其中，$r = 0, 1, \cdots, M-1$。

步骤 13：根据信噪比最大值原则确定最优 α。

步骤 14：基于最优 α 提取包络谱中的故障频率，完成轴承故障诊断。

2.3 轴承损伤诊断算法仿真与对比实验

2.3.1 诊断算法仿真分析

基于声发射和振动信号的诊断算法虽然是不同的监测方法，但两种信号类型相似，因此，可以使用相同的仿真信号来验证所提方法的有效性。为了验证所提方法的有效性，根据公式（2-22）生成仿真信号。

$$x(t) = \sum_{i=1}^{M_0} A_i s_i(t - iT_\alpha) + \sum_{j=1}^{M_1} B_j \sin(2\pi f_k t + \beta_k) + \sum_{k=1}^{M_2} C_k s_k(t - kT_d) + n(t) \quad (2\text{-}22)①$$

$$s_i(t) = e^{-at}\cos(2\pi f_i t + \varphi_i) \quad (2\text{-}23)$$

式（2-22）中，等号右侧第一部分是轴承损伤的冲击分量，其中，A_i 为冲击振幅，$s_i(t)$ 为冲击响应，t 为时间，i 为个数（取值范围为 $[1, M_0]$），T_α 为相邻故障之间的时间间隔，f_i 为冲击频率，α 为阻尼系数，φ_i 为初始相位；等号右侧第二部分是用于模拟来自机械装备内部的周期谐波干扰，其中，B_j 为冲击振幅，f_k 为冲击频率，β_k 为初始相位；等号右侧第三部分是用于模拟外部撞击或电磁干扰产生的随机脉冲，其中，T_d 和 C_k 分别表示随机脉冲发生的时间和冲击振幅，它们通常被设置为随机变量；等号右侧第四部分是随机白噪声，用来模拟背景噪声。表 2-1 列出了仿真信号的相关参数。仿真信号如图 2-4 所示。图 2-4 显示了所有仿真信号分量和其混合信号。仿真信号及仿真信号的包络谱如图 2-5 所示。

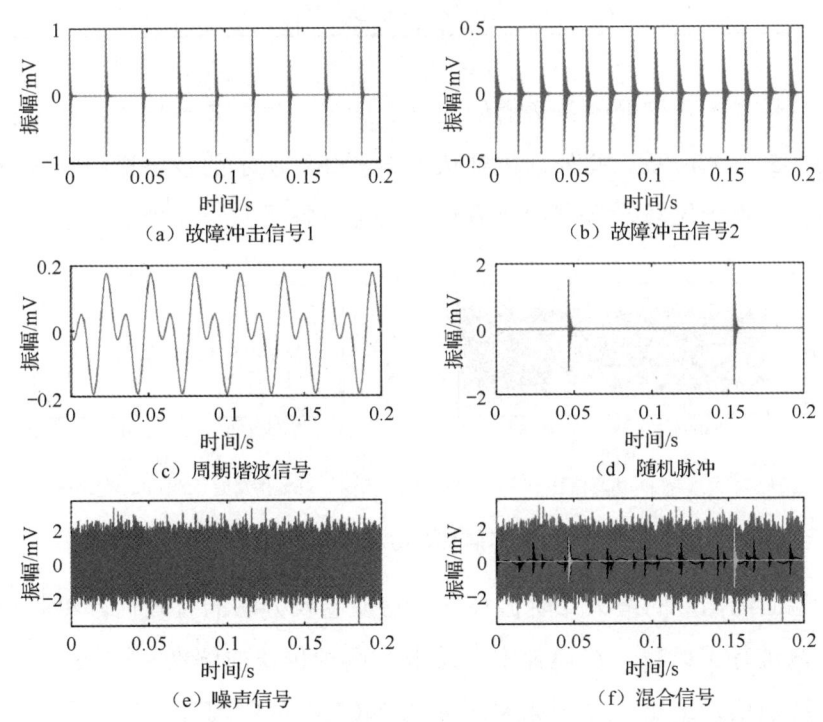

图 2-4 仿真信号

---

① 式（2-22）中，A_i、B_j、C_k 均为冲击振幅，在取值上有区别；f_i、f_k 均为冲击频率，在取值上有区别。

表 2-1 仿真信号相关参数

序号	参数	具体参数	数值	序号	参数	具体参数	数值
1	故障1	A	1	14	谐波1	F	35Hz
2	故障1	T_a	1/42s	15	谐波1	β	$\pi/6$
3	故障1	f	10kHz	16	谐波1	M_1	7
4	故障1	α	0.035	17	谐波2	B	0.105
5	故障1	φ	0	18	谐波2	F	70Hz
6	故障1	M_0	9	19	谐波2	β	$-\pi/3$
7	故障2	A	0.5	20	谐波2	M_1	14
8	故障2	T_a	1/68s	21	信噪比	SNR	−15dB
9	故障2	f	5kHz	22	随机脉冲	Max (C_k)	3
10	故障2	α	0.035	23	随机脉冲	M_2	2
11	故障2	φ	0	24	随机脉冲	f	4.4kHz
12	故障2	M_0	14	25	采样率	f_s	50kHz
13	谐波1	B	0.105	26	时长	t	0.2s

仿真信号及仿真信号的包络谱如图 2-5 所示。由于噪声较强,故障特征被淹没,如图 2-5(a)所示。此外,很难从图 2-5(b)所示的包络谱中识别出故障频率信息。为了便于比较,本书中所有包络谱都进行了归一化处理。

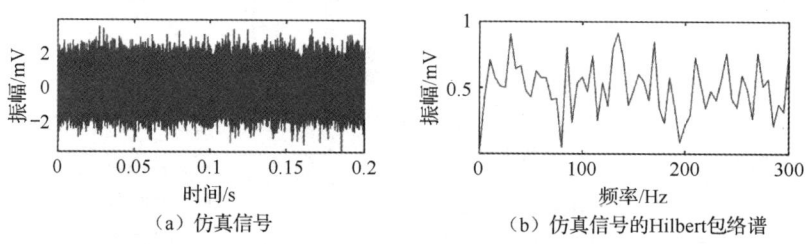

(a) 仿真信号　　　　　　　(b) 仿真信号的Hilbert包络谱

图 2-5 仿真信号及仿真信号的包络谱

为了验证优化后的最大二阶循环平稳盲反卷积方法的有效性,将其与传统的解卷积方法进行了比较。在模拟中,选取了两种传统的解卷积方法——MED 和 MCKD,特别地,给出了循环频率对应的 MCKD 故障周期范围。图 2-6 为仿真信号经过 MED 处理后的滤波信号及其相应的包络谱。在图 2-6(a)中可以看到较大的随机脉冲,与仿真信号的两个随机脉冲一致;在图 2-6(b)中可以看出,包络谱中没有出现故障信息。

根据采样率和分析信号的时长（0.2s），频谱中的频率分辨率为5Hz。这导致计算得到的故障频率与实际故障频率之间存在较大偏差，特别是早期故障损伤信号的包络谱故障频率不明显，这种偏差可能会导致故障损伤识别的误判。因此，采用CZT方法可细化特定的频段，提高频率分辨率。为了保持一致性和可比性，在后续的信号处理中，将CZT中细化频率范围和细化点个数分别设置为0～1000Hz和10000个。细化后频谱的频率分辨率为0.1Hz，进一步提高了故障诊断识别的准确性，同时可准确计算信噪比值。此外，本书中的所有信噪比SNR_f参数都设置为$N=3$、$f_c=\alpha$和$df=0.5Hz$。

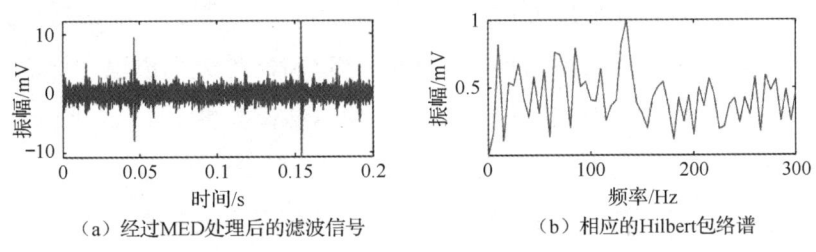

图 2-6　仿真信号经过 MED 处理后的滤波信号及相应的包络谱

循环频率α的取值范围分别为40～44Hz和66～70Hz，步长为1Hz。对于MCKD方法，当$\alpha=41Hz$和$\alpha=69Hz$时，SNR_f达到最大值，分别为1.16和1.25。仿真信号在$\alpha=41Hz$和$\alpha=69Hz$时的MCKD结果如图2-7所示。MCKD方法处理后的滤波信号如图2-7（a）所示，其包络谱如图2-7（b）所示，CZT后的包络谱如图2-7（c）所示，从中可以看出没有出现故障频率。

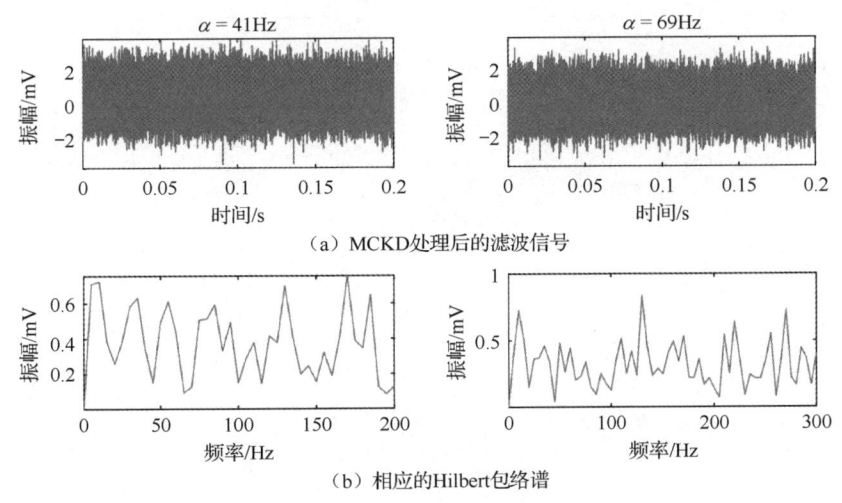

图 2-7　仿真信号在 $\alpha=41Hz$ 和 $\alpha=69Hz$ 时的 MCKD 结果

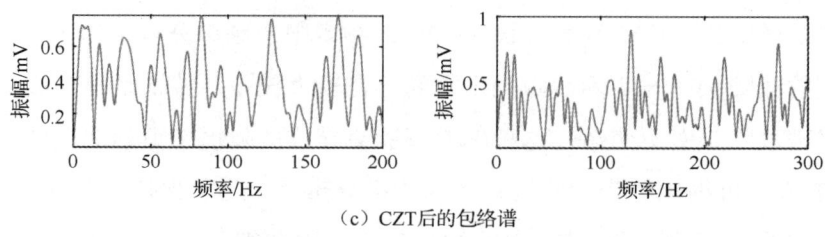

(c) CZT 后的包络谱

图 2-7 仿真信号在 $\alpha=41\text{Hz}$ 和 $\alpha=69\text{Hz}$ 时的 MCKD 结果（续）

CYCBD 方法可以增强故障信息。当 $\alpha=42\text{Hz}$ 和 $\alpha=68\text{Hz}$ 时，SNR_f 达到最大值，分别为 3.78 和 2.94。仿真信号在 $\alpha=42\text{Hz}$ 和 $\alpha=68\text{Hz}$ 时的 CYCBD 结果如图 2-8 所示。CYCBD 处理后的滤波信号如图 2-8（a）所示，很显然，其周期性信息得到增强。在相应的包络谱中，在 40Hz 和 65Hz 处分别出现了峰值，且与实际故障频率偏差分别为 2Hz 和 3Hz。CZT 后的包络谱如图 2-8（c）所示，在 42Hz 和 68Hz 处分别出现了峰值，与实际故障频率一致，证明了 CZT 可以在不增加采样点个数的情况下细化特定的频段，从而获得更准确的频率值。改进后的包络谱可直接用于后续的声发射信号处理及对故障损伤的识别。

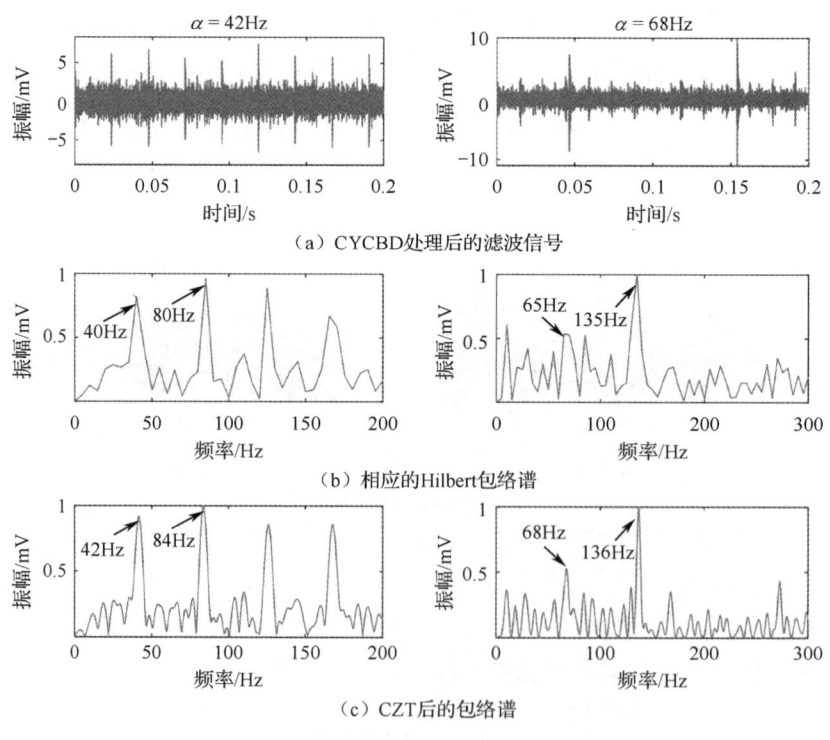

图 2-8 仿真信号在 $\alpha=42\text{Hz}$ 和 $\alpha=68\text{Hz}$ 时的 CYCBD 结果

2.3.2 高速列车轴箱轴承振动与声发射对比实验

为模拟高速列车运行环境，在高速列车系统集成国家工程实验室设计并建造了高速列车滚动实验平台。该实验平台可以容纳一个完整的转向架系统，并且转向架系统有两个车轴和四组车轮。此外，该实验平台还配备了车辆配重、横向牵引系统、纵向牵引系统、液压系统和电机驱动系统等。其中，车辆配重可防止转向架上下跳动，横向牵引系统和纵向牵引系统在车轮旋转时可将转向架保持在同一位置。为了使实验环境更接近实际线路运行环境，液压系统可以回放在实际运行线路上采集的路谱冲击，在实验中加入了路谱冲击的干扰因素。车轮由电动机驱动，车轮边缘的速度最高可达 350km/h。图 2-9 为高速列车滚动实验平台。

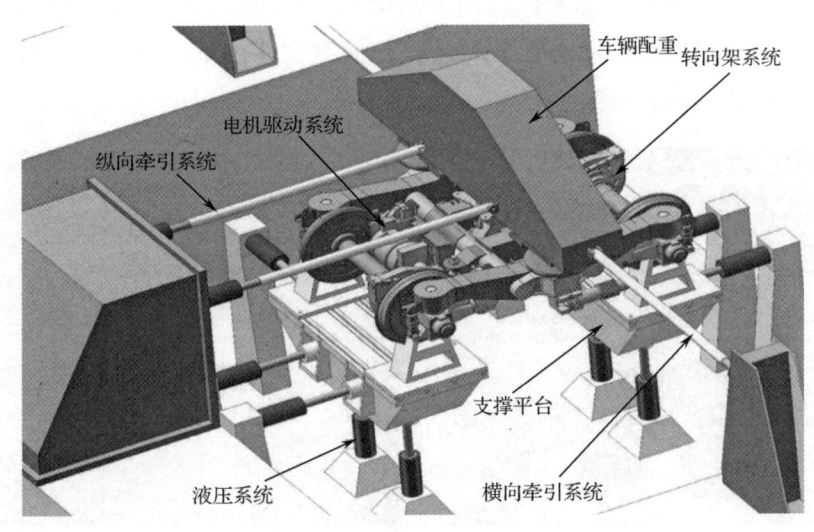

图 2-9 高速列车滚动实验平台

与通常以恒定速度运行的工业旋转机器不同，高速列车总是以不同的速度运行。在不同转速条件下，轴承载荷和噪声表现均有差异，因此，有必要在不同转速下对轴承状态进行研究。高速列车实验是在不同速度范围内进行的，实验速度方案如表 2-2 所示，速度从 0km/h 到最高 350km/h 不等。在每个速度级别（50km/h、100km/h、150km/h 等），保持匀速时间为 60s，实验主要对在匀速级状态采集的数据进行信号处理及分析。

表 2-2 实验速度方案

序 号	工作条件说明
1	50km/h、100km/h,保持 60s
2	150km/h、200km/h,保持 60s
3	250km/h、300km/h、350km/h,保持 60s

在实验过程中,对振动和声发射响应进行了同步测试。在轴箱顶部安装了一个带宽为 5~7000Hz 的振动传感器,在振动传感器对称位置安装了一个带宽为 20~500kHz 的声发射传感器。局部图和两个传感器安装位置分别如图 2-10 和图 2-11 所示。振动信号采集采用的数据采集系统为美国国家仪器有限公司的 InsightCM 型系统,振动数据采集频率为 25.6kHz。为了对数据进行统计分析,从每个稳态测试速度中提取多组数据,每组数据持续 0.2s。声发射响应采集采用的数据系统为 PAC 公司的 Express 8 型系统,同步采集声发射撞击特征和流波形数据。声发射数据采样频率设置为 1MHz。在每个恒定的测试速度下,记录并分析多个波形流,每组波形流同样持续 0.2s。

图 2-10 局部图

图 2-11 两个传感器安装位置

实验高速列车轴承为双列圆锥滚子轴承,轮对轴承型号及参数如表 2-3 所示。实验样本为实际列车存在自然缺陷的外圈和滚子缺陷的轴承,具体外圈缺陷的长度、宽度和深度分别为 6mm、5mm 和 0.11mm,具体轴承缺陷的长度、宽度和深度分别为 5mm、3.8mm 和 0.056mm。外圈缺陷和轴承缺陷如图 2-12 所示。

在不同转速条件下,外圈故障特征频率(BPFO)和滚动体(轴承)故障特征频率(BSF)可分别表示为

$$\text{BPFO} = f_o = n\frac{f_r}{2}\left(1 - \frac{d}{D_p}\cos\theta\right) \qquad (2\text{-}24)$$

$$\text{BSF} = f_b = \frac{D_p}{d}\frac{f_r}{2}\left[1 - \left(\frac{d}{D_p}\cos\theta\right)^2\right] \qquad (2\text{-}25)$$

式中，n 为滚动体数量，d 为滚动体直径，D_p 为节圆直径，θ 为接触角，f_r 为转速频率（单位为 Hz）。

表 2-3 轮对轴承型号及参数

型号	节圆直径 D_p/mm	滚动体数量 n/个	滚动体直径 d/mm	接触角 θ/°
CRH380	183.929	19	26	10

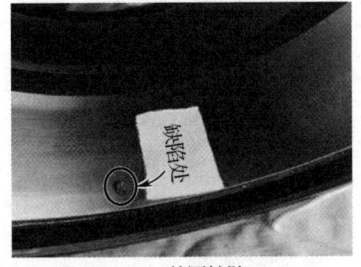 

（a）外圈缺陷　　　　　　　　　　（b）轴承缺陷

图 2-12 外圈缺陷和轴承缺陷

表 2-4 列出了轴承在不同转速条件下的理论故障频率。

表 2-4 轴承在不同转速条件下的理论故障频率

序号	速度/（km·h^{-1}）	BPFO/Hz	BSF/Hz
1	100	84.08	35.66
2	200	168.15	71.32
3	350	294.26	124.81

2.3.3 振动与声发射响应的损伤诊断对比实验

为了验证所提理论和方法的有效性，并比较振动分析和声发射分析的诊断效果，对具有早期复合故障缺陷的轴承在不同转速条件下的振动信号和声发射信号进行了处理与分析。

案例1：100km/h时的振动和声发射诊断结果。

对转速为100km/h且具有早期复合故障缺陷的轴承的振动信号和声发射信号进行处理和分析，图2-13为其采集数据及分析结果。由于受噪声影响，采集的轴承振动信号信噪比较低，在振动信号的时域波形中未观察到明显的周期性故障影响，然而与之对应的声发射信号的时域波形较为明显地呈现故障周期性行为。两种信号相应的包络谱如图2-13（b）所示，包络谱频率成分丰富，在振动信号的包络谱中没有故障频率，然而在声发射信号的包络谱中，BPFO明显，BSF不存在。总之，上述实验与分析证明了基于声发射信号诊断技术的有效性。

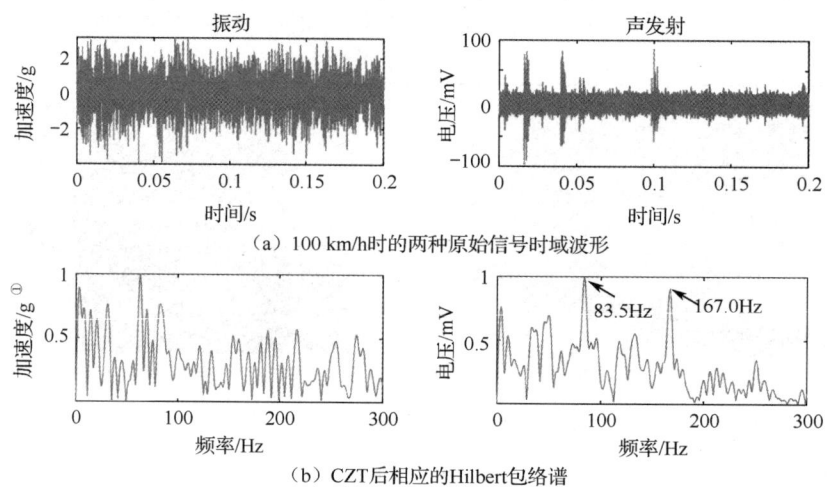

图2-13　转速为100km/h时具有早期复合故障缺陷的轴承的振动信号和声发射信号的采集数据及分析结果

为了验证优化后的CYCBD方法的有效性，将其与传统的解卷积方法进行比较。

首先，使用MED方法对原始信号进行处理与分析。图2-14所示为MED方法处理后的滤波信号时域波形和CZT后的Hilbert包络谱。结果表明，在振动信号的包络谱中，没有出现故障信息；在声发射信号的包络谱中，BPFO仍然明显，BSF没有出现。

其次，使用MCKD方法对原始信号进行处理与分析。振动信号和声发射信号

---

① 实验中通常以g（重力加速度）为单位，下同。

循环频率 α 的取值范围分别为 82～86Hz 和 33～37Hz，步长为 1Hz。对于振动信号，当 $\alpha = 84$Hz 和 $\alpha = 34$Hz 时，SNR_f 达到最大值，分别为 $SNR_{BPFO} = 2.01$ 和 $SNR_{BSF} = 1.85$；对于声发射信号，当 $\alpha = 83$Hz 和 $\alpha = 35$Hz 时，SNR_f 达到最大值，分别为 $SNR_{BPFO} = 4.65$ 和 $SNR_{BSF} = 5.45$。当 SNR_{BPFO} 和 SNR_{BSF} 分别达到最大值时，MCKD 方法处理后的滤波信号和 Hilbert 包络谱如图 2-15 和图 2-16 所示。对于振动信号，图 2-15（b）中出现 BPFO，而图 2-16（b）中未出现 BPFO。与之相比，对于声发射信号，在图 2-15（b）和图 2-16（b）中，BPFO 和 BSF 特征表现明显。

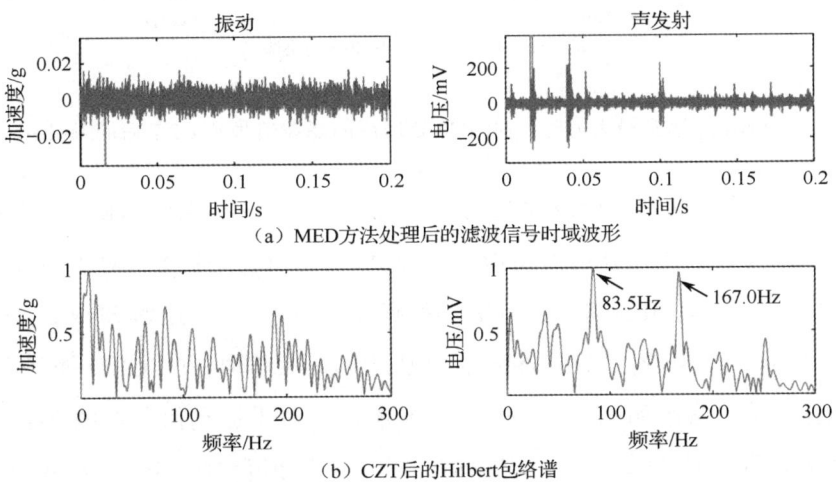

图 2-14 MED 方法处理后的滤波信号时域波形和 CZT 后的 Hilbert 包络谱

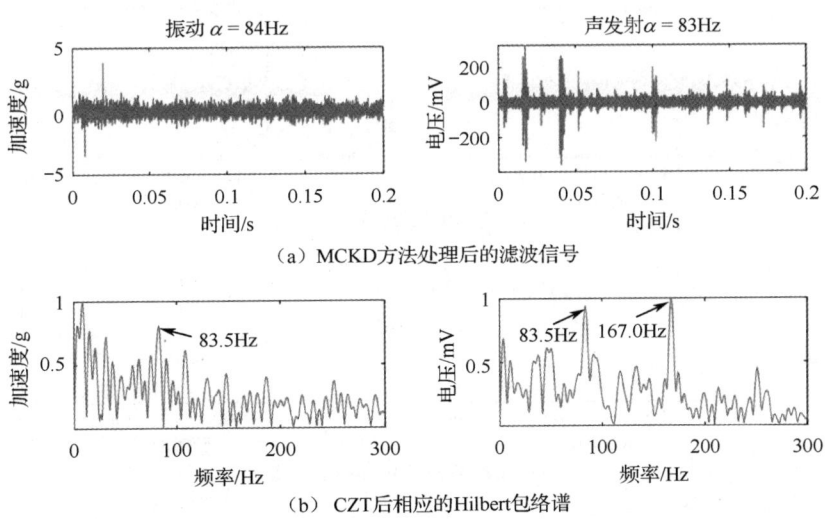

图 2-15 当 SNR_{BPFO} 达到最大值时，MCKD 方法处理后的滤波信号和 CZT 后的 Hilbert 包络谱

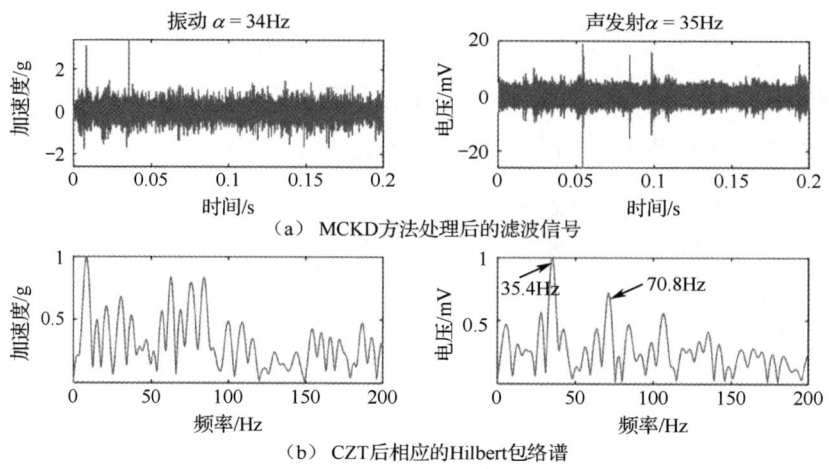

图 2-16 当 SNR_{BSF} 达到最大值时，MCKD 处理后的滤波信号和 CZT 后的 Hilbert 包络谱

最后，采用 CYCBD 处理原始信号。对于振动信号，当 $\alpha=84Hz$ 和 $\alpha=34Hz$ 时，SNR_f 达到最大值，分别为 $SNR_{BPFO}=3.06$ 和 $SNR_{BSF}=1.78$；对于声发射信号，当 $\alpha=83Hz$ 和 $\alpha=35Hz$ 时，SNR_f 达到最大值，分别为 $SNR_{BPFO}=4.83$ 和 $SNR_{BSF}=7.24$。当 SNR_{BPFO} 和 SNR_{BSF} 分别达到最大值时，CYCBD 处理后的滤波信号和 Hilbert 包络谱如图 2-17 和图 2-18 所示。对于振动信号，图 2-17（b）中出现 BPFO，图 2-18（b）中未出现 BSF。对于声发射信号，图 2-17（b）中 BPFO 表现明显，图 2-18（b）中 BSF 表现明显，这证明了优化后 CYCBD 的有效性。

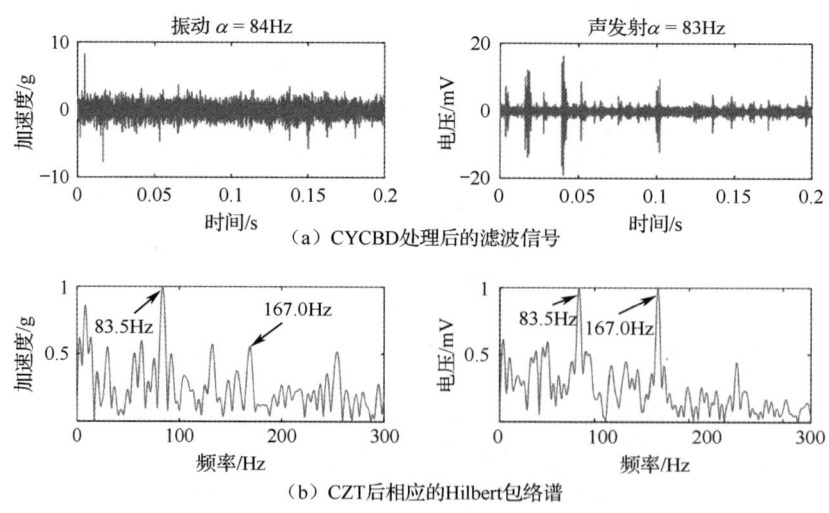

图 2-17 当 SNR_{BPFO} 达到最大值时，CYCBD 处理后的滤波信号和 CZT 后的 Hilbert 包络谱

第 2 章 轴承损伤声发射与振动响应

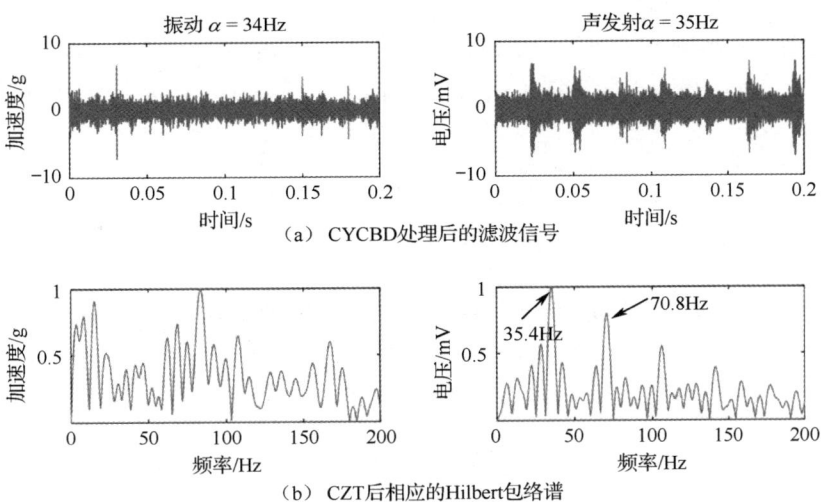

图 2-18 当 SNR_{BSF} 达到最大值时,CYCBD 处理后的滤波信号和 CZT 后的 Hilbert 包络谱

案例 2：200km/h 时的振动和声发射诊断结果。

对转速为 200km/h 时早期复合故障缺陷轴承的振动信号和声发射信号进行处理和分析,图 2-19 为其采集数据及分析结果。与案例 1 相似,采集的轴承振动信号频率成分丰富,在其包络谱中未出现故障频率;而在声发射信号的包络谱中,BPFO 明显,BSF 不存在,这再次证明了基于声发射信号的诊断技术的有效性。

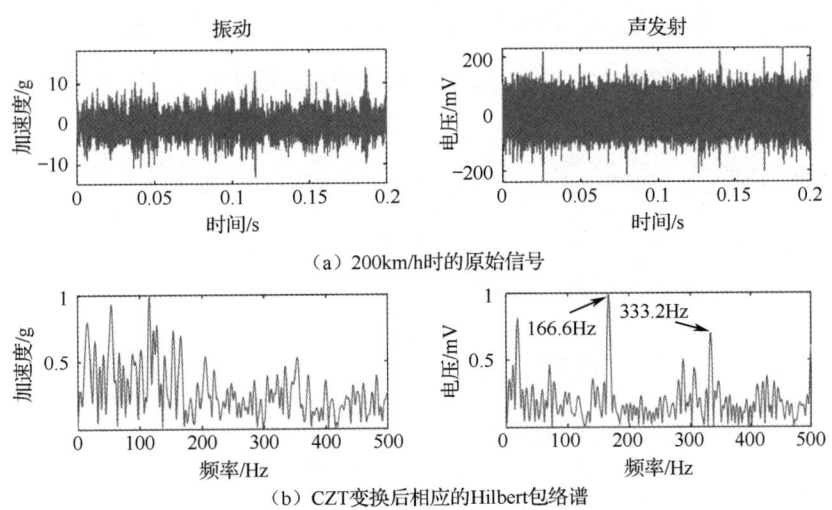

图 2-19 转速为 200km/h 时具有早期复合故障缺陷的轴承的振动信号和
声发射信号的采集数据及分析结果

与案例 1 类似，首先，采用 MED 方法处理原始信号。图 2-20 为 MED 方法处理后滤波信号的时域波形及 CZT 后的 Hilbert 包络谱，在包络谱中没有发现故障信息。

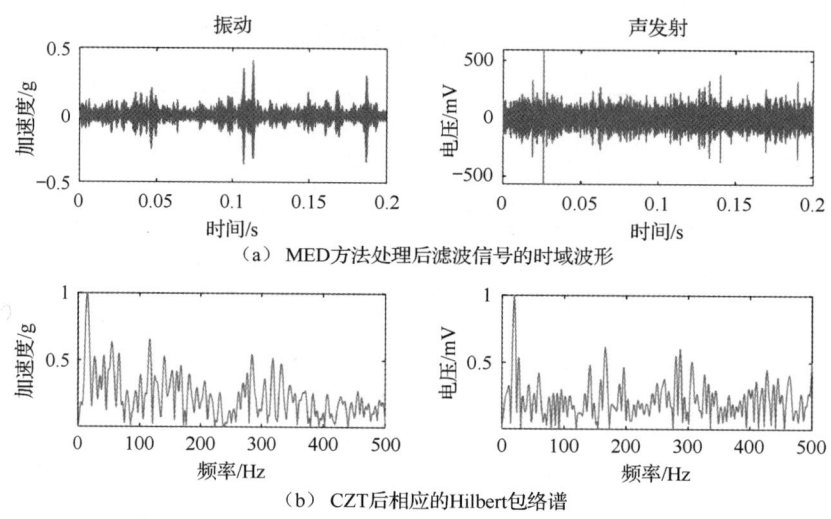

图 2-20　MED 方法处理后滤波信号的时域波形和 CZT 后的 Hilbert 包络谱

其次，采用 MCKD 方法处理原始信号，振动信号和声发射信号循环频率 α 的取值范围分别为 166～170Hz 和 69～73Hz，步长为 1Hz。对于振动信号，当 $\alpha=166$Hz 和 $\alpha=72$Hz 时，SNR_f 达到最大值，分别为 $SNR_{BPFO}=1.54$ 和 $SNR_{BSF}=1.69$。对于声发射信号，当 $\alpha=167$Hz 和 $\alpha=70$Hz 时，SNR_f 达到最大值，分别为 $SNR_{BPFO}=7.13$ 和 $SNR_{BSF}=1.08$。当 SNR_{BPFO} 和 SNR_{BSF} 分别达到最大值时，MCKD 方法处理后的相应的滤波信号和 CZT 后的 Hilbert 包络谱如图 2-21 和图 2-22 所示。对于振动信号，其包络谱中未出现 BPFO 和 BSF；对于声发射信号，在图 2-21（b）中有明显的 BPFO，在图 2-22（b）中未出现 BSF。

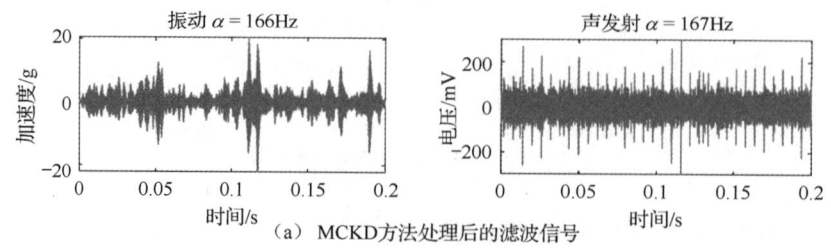

图 2-21　当 SNR_{BPFO} 达到最大值时，MCKD 方法处理后的滤波信号和 CZT 后的 Hilbert 包络谱

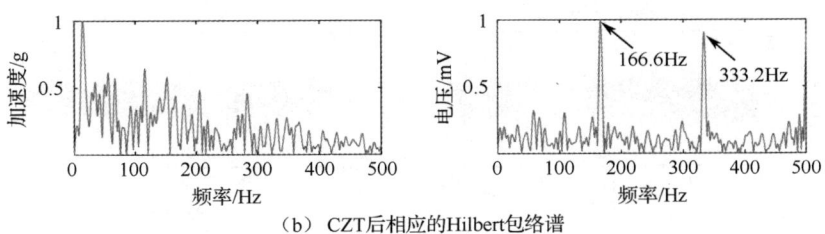

（b）CZT后相应的Hilbert包络谱

图 2-21 当 SNR_{BPFO} 达到最大值时，MCKD 方法处理后的滤波信号和 CZT 后的 Hilbert 包络谱（续）

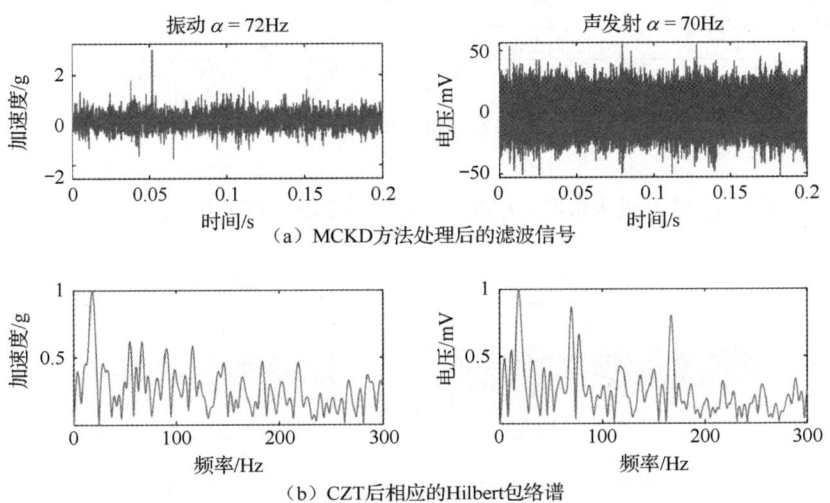

图 2-22 当 SNR_{BSF} 达到最大值时，MCKD 方法处理后的滤波信号和 CZT 后的 Hilbert 包络谱

最后，采用 CYCBD 方法对原始信号进行处理。对于振动信号，当 $\alpha=167\text{Hz}$ 和 $\alpha=70\text{Hz}$ 时，SNR_f 达到最大值，分别为 $\text{SNR}_{\text{BPFO}}=3.95$ 和 $\text{SNR}_{\text{BSF}}=1.93$。对于声发射信号，当 $\alpha=167\text{Hz}$ 和 $\alpha=70\text{Hz}$ 时，SNR_f 达到最大值，分别为 $\text{SNR}_{\text{BPFO}}=6.81$ 和 $\text{SNR}_{\text{BSF}}=2.47$。当 SNR_{BPFO} 和 SNR_{BSF} 分别达到最大值时，CYCBD 处理后的滤波信号和 CZT 后的包络谱如图 2-23 和图 2-24 所示。对于振动信号，在图 2-23（b）中 BPFO 明显，而图 2-24（b）未出现 BSF；对于声发射信号，BPFO 在图 2-23（b）中很明显，BSF 在图 2-24（b）中也很明显，这证明了优化后 CYCBD 处理的声发射信号诊断技术的有效性。

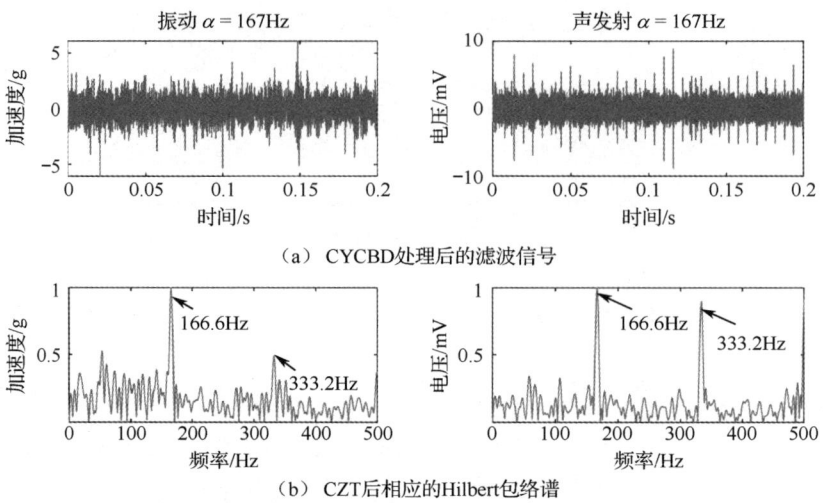

图 2-23 当 SNR_{BPFO} 达到最大值时，CYCBD 处理后的滤波信号和 CZT 后的 Hilbert 包络谱

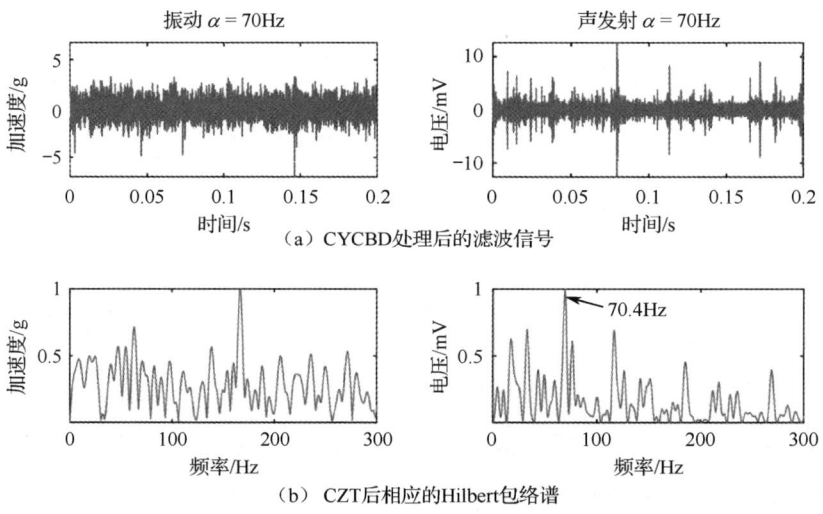

图 2-24 当 SNR_{BSF} 达到最大值时，CYCBD 处理后的滤波信号和 CZT 后的 Hilbert 包络谱

案例 3：350km/h 时的振动和声发射诊断结果。

在我国主要的铁路线路（如京广线和京沪线）上，高速列车的最高运行速度为 350km/h（即轴承转速为 350km/h）。与其他运行速度相比，在该运行速度下采集的噪声信号恶劣程度较高，故障特征提取难度较大。图 2-25 显示了实验结果：与案例 2 情况相似，两种信号的频率成分丰富，在振动信号的 CZT 变换后的 Hilbert

包络谱中未出现故障频率；在声发射信号的 Hilbert 包络谱中，出现了 BPFO，而没有 BSF，这证明了基于声发射信号的诊断技术的有效性。

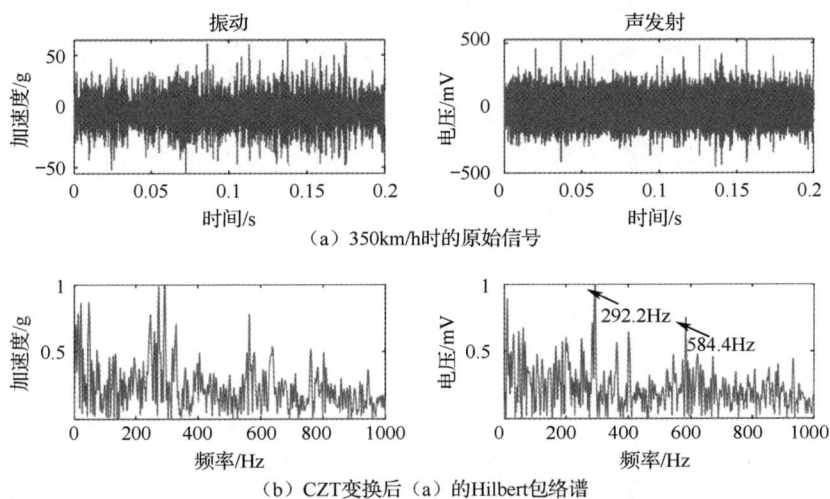

图 2-25　转速为 350km/h 时具有早期复合故障缺陷的轴承的振动信号和声发射信号的采集数据及分析结果

与案例 2 类似，首先，采用 MED 方法处理原始信号。图 2-26 为 MED 方法处理后滤波信号的时域波形及 CZT 后的 Hilbert 包络谱。从图 2-26（b）可以看出，在振动信号包络谱中，没有出现故障信息；而在声发射信号包络谱中，BPFO 仍然明显，BSF 没有出现。

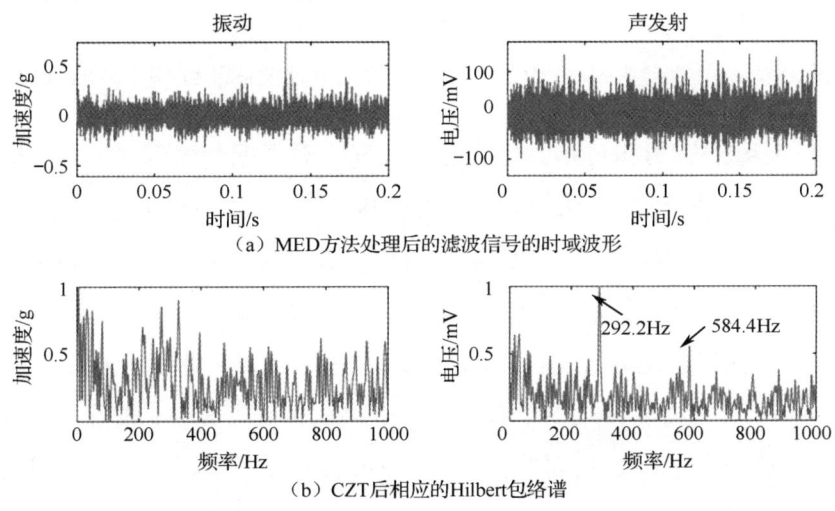

图 2-26　MED 方法处理后滤波信号的时域波形和 CZT 后的 Hilbert 包络谱

其次，采用 MCKD 对原始信号进行处理，振动信号和声发射信号循环频率 α 的取值范围分别设置为 291~297Hz 和 123~127Hz，步长为 1Hz。对于振动信号，当 $\alpha=291$Hz 和 $\alpha=123$Hz 时，SNR_f 达到最大值，分别为 $SNR_{BPFO}=1.5$ 和 $SNR_{BSF}=1.56$；对于声发射信号，当 $\alpha=292$Hz 和 $\alpha=126$Hz 时，SNR_f 达到最大值，分别为 $SNR_{BPFO}=2.62$ 和 $SNR_{BSF}=0.95$。当 SNR_{BPFO} 达到最大值时，MCKD 方法处理后的滤波信号如图 2-27（a）所示；当 SNR_{BSF} 达到最大值时，MCKD 方法处理后的滤波信号如图 2-28（a）所示。对于振动信号，图 2-27（b）和图 2-28（b）中未出现 BPFO 和 BSF；对于声发射信号，在图 2-27（b）中有明显的 BPFO，而在图 2-28（b）中未出现 BSF。

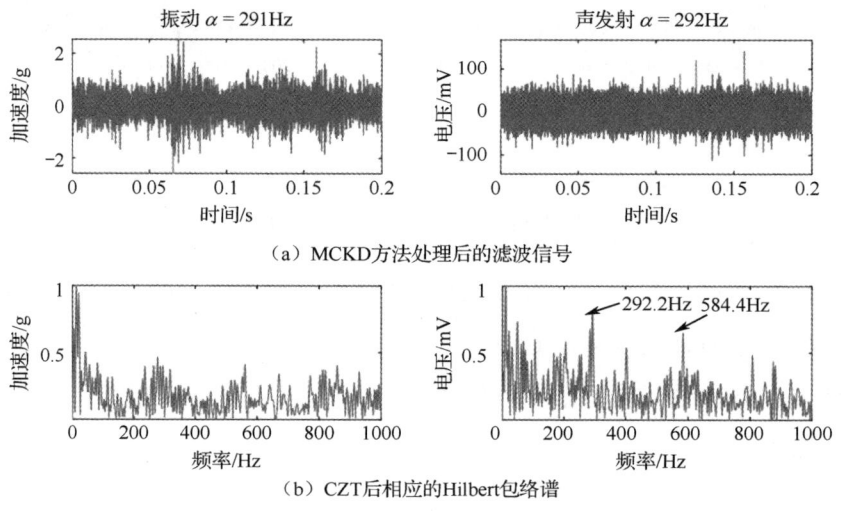

图 2-27　当 SNR_{BPFO} 达到最大值时，MCKD 方法处理后的滤波信号和 CZT 后的 Hilbert 包络谱

最后，采用 CYCBD 对原始信号进行处理。对于振动信号，当 $\alpha=292$Hz 和 $\alpha=125$Hz 时，SNR_f 达到最大值，分别为 $SNR_{BPFO}=2.44$ 和 $SNR_{BSF}=1.88$；对于声发射信号，当 $\alpha=292$Hz 和 $\alpha=126$Hz 时，SNR_f 达到最大值，分别为 $SNR_{BPFO}=3.31$ 和 $SNR_{BSF}=3.3$。当 SNR_{BPFO} 和 SNR_{BSF} 分别达到最大值时，CYCBD 处理后的滤波信号和 CZT 后的 Hilbert 包络谱如图 2-29 和图 2-30 所示。对于振动信号，图 2-29（b）中 BPFO 表现明显，图 2-30（b）中未出现 BSF；对于声发射信号，在图 2-29（b）中，BPFO 表现明显，且在图 2-30（b）中，BSF 也表现明显，这证明了优化后的 CYCBD 的有效性。

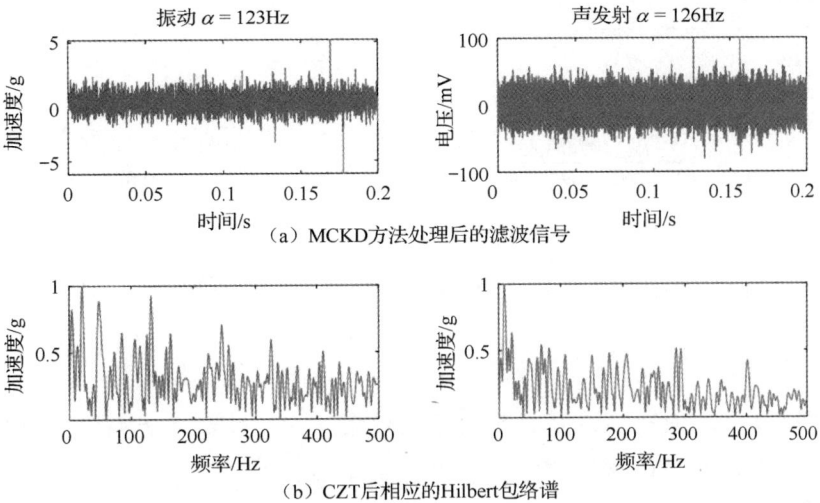

图 2-28　当 SNR_{BSF} 达到最大值时，MCKD 方法处理后的滤波信号和 CZT 后的 Hilbert 包络谱

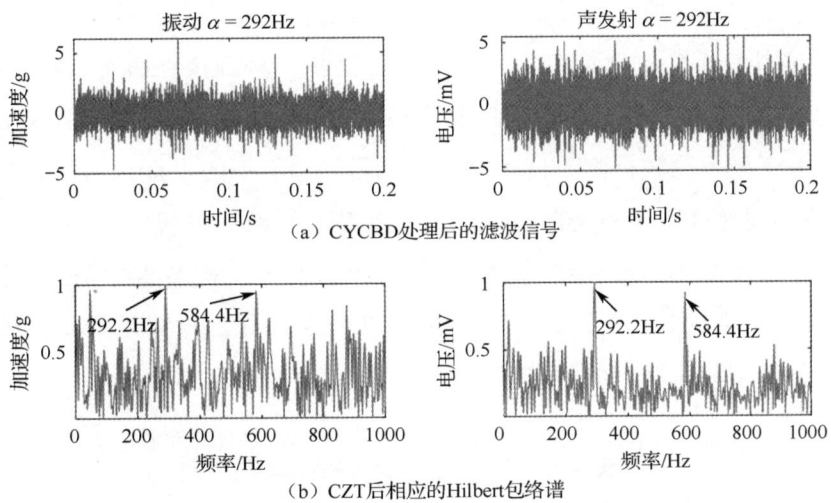

图 2-29　当 SNR_{BPFO} 达到最大值时，CYCBD 处理后的滤波信号和 CZT 后的 Hilbert 包络谱

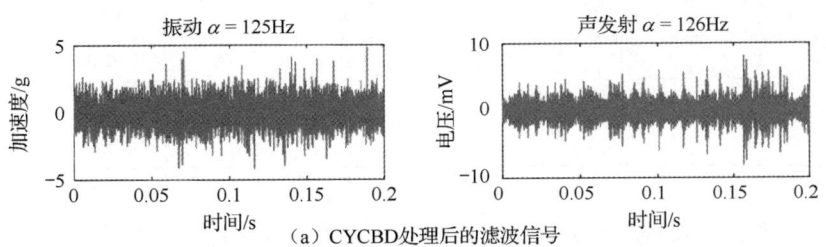

图 2-30　当 SNR_{BSF} 达到最大值时，CYCBD 处理后的滤波信号和 CZT 后的 Hilbert 包络谱

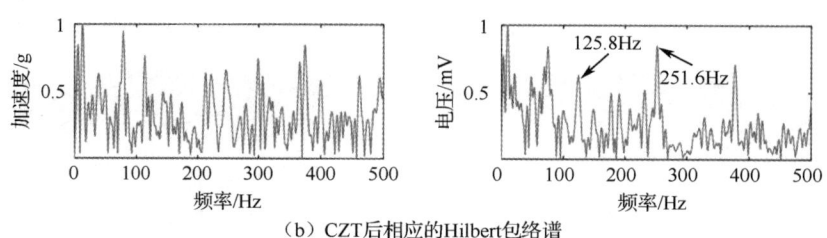

(b)CZT后相应的Hilbert包络谱

图2-30 当SNR_{BSF}达到最大值时,CYCBD处理后的滤波信号和CZT后的Hilbert包络谱(续)

通过对以上3个实例的分析,笔者提出的方法对基于振动信号和声发射信号的轴承早期复合故障缺陷诊断具有较好的效果。为了使对比更精确和具象化,在故障诊断的准确性、故障信噪比、计算效率3个方面进行了分析和讨论。

(1)故障诊断的准确性

笔者提出的方法成功地从振动信号和声发射信号中提取了故障频率,然而,理论故障频率和计算故障频率之间仍然存在误差。从直接包络谱分析、CYCBD处理后的包络谱分析,以及CYCBD和CZT处理后的包络谱精细分析3个方面进行对比,为了便于比较,将不同速度(即轴承转速)下的直接包络谱分析设为情况S1,将不同速度下CYCBD处理后的包络谱分析设为情况S2,将不同速度下CYCBD和CZT处理后的包络谱精细分析设为情况S3。将表2-4中的理论故障频率与图2-17、图2-18、图2-23、图2-24、图2-29、图2-30中的计算故障频率进行比较,得到不同速度下的故障频率误差(如表2-5所示)。

表2-5 不同速度下的故障频率误差

速度/(km·h^{-1})	误差/Hz					
	BPFO			BSF		
	情况S1	情况S2	情况S3	情况S1	情况S2	情况S3
100	0.92	0.92	0.58	N/A	0.66	0.26
200	3.15	3.15	1.55	N/A	1.32	0.92
350	4.26	4.26	2.06	N/A	0.19	0.99

通过对比可以发现,经过CZT处理后,频率误差明显减小。此外,随着速度的增加,误差逐渐增大。在诊断准确率方面,笔者提出的方法优于常规方法。不同速度下的BPFO误差和BSF误差对比如图2-31所示。

第 2 章 轴承损伤声发射与振动响应

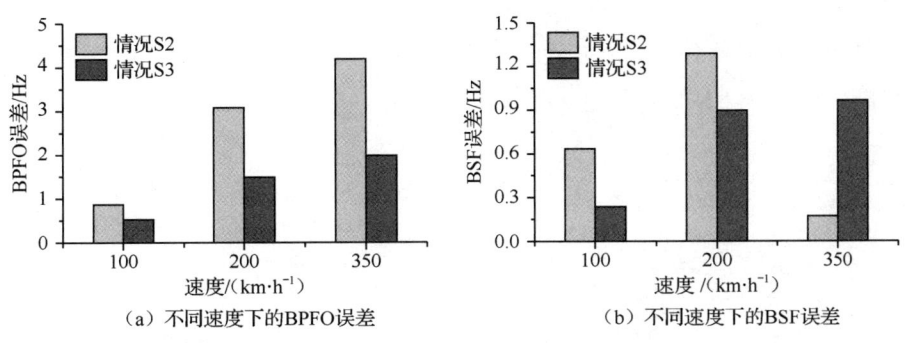

（a）不同速度下的BPFO误差　　　　（b）不同速度下的BSF误差

图 2-31　不同速度下的 BPFO 误差和 BSF 误差对比

（2）故障信噪比

SNR_f 是评价周期强度和算法性能的重要指标。虽然通过前述方法已经成功提取了振动信号和声发射信号中的故障特征，但包络谱中的故障频率是否显著，以及在不同速度下是否存在，还有待进一步探讨。为了评估故障频率是否显著和是否存在，表 2-6 列出了采用 CYCBD 和 CZT 方法计算的不同速度下的信噪比值。

表 2-6　采用 CYCBD 和 CZT 方法计算的不同速度下的信噪比值

速度/(km·h^{-1})	计算时间/s			
	SNR_{BPFO}		SNR_{BSF}	
	振动	声发射	振动	声发射
100	3.06	4.83	1.78	7.24
200	3.95	6.81	1.93	2.47
350	2.44	3.31	1.88	3.3

不同速度下的 SNR_{BPFO} 和 SNR_{BSF} 对比结果如图 2-32 所示。其中，图 2-32（a）为不同速度下的 SNR_{BPFO}，图 2-32（b）为不同速度下的 SNR_{BSF}。对于振动信号，SNR_{BPFO} 在 200km/h 时达到最大值，在 350km/h 时达到最小值，这与噪声干扰的增加有关；SNR_{BSF} 小于 2，是因为没有找到 BSF。对于声发射信号，SNR_{BPFO} 在 200km/h 时达到最大值，在 350km/h 时达到最小值，这也与噪声干扰的增加有关；SNR_{BSF} 的值均大于 2，且在 200km/h 时最小，这可能与较大的 SNR_{BPFO} 有关。

通过对比发现，振动信号的 SNR_f 远小于声发射信号的 SNR_f，这进一步证明了声发射技术的有效性。此外,处理声发射信号和振动信号的 CZT 设置相同且具有可比性,因此,$SNR_f = 2$ 可以用作故障阈值。

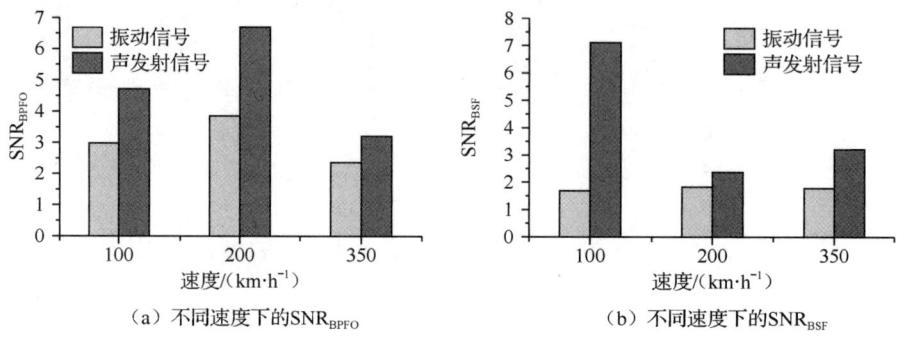

（a）不同速度下的SNR_{BPFO}

（b）不同速度下的SNR_{BSF}

图 2-32　不同速度下的 SNR_{BPFO} 和 SNR_{BSF} 对比结果

（3）计算效率

算法运行在中央处理器上,其型号为 Intel® Core™ i5-7300HQ CPU@2.5GHz,内存容量为 8.0GB,软件平台为 MATLAB R2018b。一般情况下,无论是振动信号还是声发射信号,在故障诊断中至少需要采集时长为 1s 的数据（即数据长度）进行分析,以保证对频率分辨。因此,选择情况 S2 下 1s 长的数据,与情况 S3 下 0.2s 长的数据进行分析处理情况的对比,并对声发射信号和振动信号的计算和处理时间进行研究。

表 2-7 显示了不同速度下采用不同算法的计算时间。通过对比可以发现,情况 S3 下采用的方法在保证频率分辨率的前提下,显著提高了计算效率,特别是声发射信号。对于长度相同的信号,振动信号的计算效率大于声发射信号的计算效率（特别是在 350km/h 时）。图 2-33 为振动信号计算时间和声发射信号计算时间的比较结果。

表 2-7　不同速度下采用不同算法的计算时间

速度/(km·h⁻¹)	SNR_f			
	振 动 信 号		声 发 射 信 号	
	情况 S2、1s 数据长度	情况 S3、0.2s 数据长度	情况 S2、1s 数据长度	情况 S3、0.2s 数据长度
100	51.6	22.2	3780	448

续表

速度/(km·h^{-1})	SNR$_f$			
	振动信号		声发射信号	
	情况 S2、1s 数据长度	情况 S3、0.2s 数据长度	情况 S2、1s 数据长度	情况 S3、0.2s 数据长度
200	69	23.3	4262	688
350	115.4	31.7	5286	1066

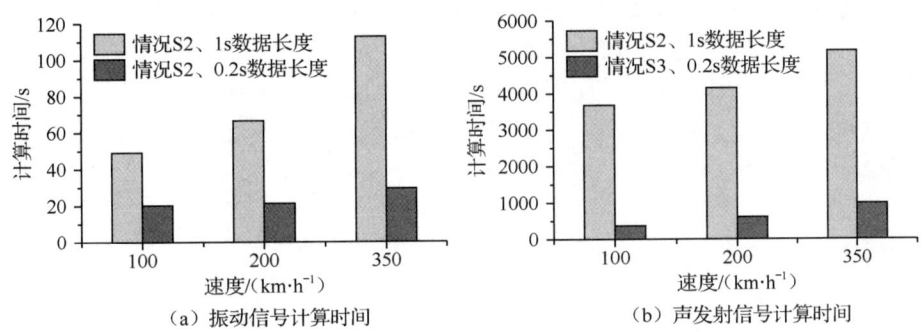

图 2-33　振动信号计算时间和声发射信号计算时间的比较结果

2.4　小结

本章采用基于振动信号和声发射信号的分析方法，对某高速列轴承早期自然缺陷进行了识别，并进行了上述两种方法之间的适用性比较。为了增强轴承故障信号的周期性特征，提高故障特征匹配的精度，在此提出了一种基于 CYCBD 和 CZT 的故障诊断方法。通过对强背景噪声、不同速度下具有轻微自然复合缺陷的高速列车轴承的实际振动信号与声发射信号的处理分析，验证了该方法的有效性。研究比较后可以得出以下结论。

（1）对于声发射信号，可以采用直接包络解调提取外圈故障特征频率与滚动体故障特征频率，实现复合故障诊断；对于振动信号，该方法可用于外圈故障诊断，然而，该方法在滚动体存在较小故障和高噪声情况下是无效的。相比之下，基于声发射信号的诊断方法在早期故障诊断能力、故障信噪比和复合故障诊断能力方面均优于基于振动信号的诊断方法。

（2）与振动信号监测相比，声发射信号监测采样率高、计算效率较低。因此，在高速列车轴承故障诊断中，应充分考虑诊断的准确性和效率。

（3）与 MED 和 MCKD 方法相比，CYCBD 方法具有较高的灵活性，更适合于轴承故障信号的靶向锁定，并能更好地突出故障冲击响应。此外，CZT 方法在不增加采样点数和计算量的情况下，可以实现更短的数据长度和更精确的频率分辨率，从而显著提高轴承故障诊断的效率。

第 3 章 轴承损伤响应声发射传感技术

3.1 引言

声发射技术具有高灵敏度和实时动态监测能力,适用于高速列车轴承状态监测。然而,作为声发射信号传感设备核心部件的声发射传感器,其完整的理论模型尚未构建——现有的匹配层模型没有考虑匹配层中的波衰减。针对这些不足,笔者建立了一种新型压电式声发射传感器的设计与建模方法。首先,建立了压电陶瓷的粗糙接触模型,分析了粗糙度对压电陶瓷尺寸选择的影响。其次,基于声发射波衰减,建立了匹配层声强透射系数模型,得到了衰减系数与匹配层最佳厚度之间的对应关系,以此建立了完整的声发射传感器有限元模型,通过声-压电耦合作用,对声发射传感器的电声特性进行了数值模拟并验证了该模型的正确性;同时,制备了不同匹配层厚度的声发射传感器,通过声发射断铅实验验证了匹配层数学模型的有效性;进一步采用主成分分析法(Principal Component Analysis,PCA)提出了基于撞击特征参数的声发射传感器综合性能评价指标,该性能评价指标较以往的性能评价指标更为全面。最后,将自研声发射传感器在模拟高速列车实际线路的复杂测试条件下进行性能测试,并以外圈损伤轴承为例,验证了声发射传感器性能的有效性和环境适应性。该模型可为压电式声发射传感器的设计及应用提供有价值的理论支持。

3.2 声发射传感器结构及其模型分析

3.2.1 声发射传感器微机电系统结构

声发射传感器的结构和性能直接决定了结构损伤信息感知的准确性及状态监

测时的工作稳定性。因此，需要对声发射传感器结构进行分析，然后基于其结构建立声发射传感器的数学模型，进而为优化声发射传感器性能提供理论支撑。

声发射传感器具有声发射信号感知、放大和滤波等功能。声发射传感器的基本结构如图 3-1 所示。在工作时，声发射传感器的匹配层与机械结构的表面接触，损伤产生的声发射信号以弹性波的形式通过机械结构传播至匹配层下表面，弹性波通过匹配层后在压电元件完成机电转换，电信号经过内置电路放大滤波后被采集，最后弹性波被背衬层吸收。

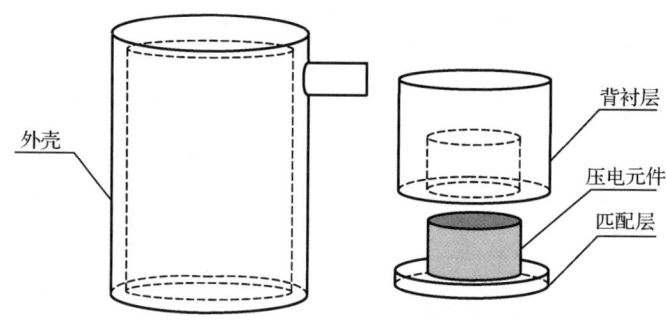

图 3-1 声发射传感器的基本结构

对于声发射传感器，压电元件材料的选取至关重要。压电元件不仅能够实现机电转换，而且其结构决定了声发射传感器的工作功率范围。与压电聚合物和单晶相比，铅基压电陶瓷（PZT-5[①]）具有更大的机电耦合系数、高压电应变常数和高电阻率，其各机电参数具有优异的时间稳定性和温度稳定性，适用于接收型传感器。此外，与其他传感器一样，声发射传感器对垂直于表面的位移更敏感，因此，本章的压电元件以 PZT-5 的 d_{33} 模式（垂直位移类型）为基础，对声发射传感器进行设计与研究。

然而，由于压电元件与被测结构之间的阻抗失配会降低声能的有效传递，仅使用性能优异的压电元件并不能提高声发射传感器的性能。此外，PZT-5 中的铅具有一定的毒性。通过设计合理的匹配层，可以有效保护压电元件，提高其可靠性，实现压电元件与被测结构的声阻抗匹配，提高声发射传感器的灵敏度。多层

---

① PZT-5 为一种压电陶瓷材料，PZT 为锆钛铅酸压电陶瓷的缩写，数字 5 表示其类型。

匹配层虽然能在一定程度上提高传感器的带宽和灵敏度，但容易受到接口间孔隙缺陷和粉尘杂质等限制，因此，选择单层匹配层作为传感器匹配层的结构。当被测结构为钢结构时，根据声阻抗匹配理论，选择氧化铝陶瓷作为匹配层材料。氧化铝陶瓷不仅透声性好，而且是绝缘体，硬度高，能够保护压电元件免受诸如化学反应污染物的腐蚀，起到保护声发射传感器内部元件的作用。

与匹配层不同，背衬层可抑制压电元件的过度振动，并通过其高衰减性吸收压电元件激发的后向声波，从而防止反射声波对声发射传感器性能的干扰。对于外壳，建议采用不锈钢材料。外壳不仅要支撑整个声发射传感器结构，保护内部元件，而且要实现声发射传感器与硬件系统之间的电气连接。此外，压电陶瓷本身阻抗较高，产生的电信号十分微弱，尽管放大电路的增益可以足够大，以此来实现对微弱信号的放大，但一同引入的噪声也有可能被放大，当接收信号太弱时，甚至会被噪声淹没。因此，内置电路需要具备低损耗、低噪声特性，进而保证声发射传感器的性能。

3.2.2 声发射传感器 PZT 参数分析模型

高速列车恶劣的运行环境及传动系统复杂物理结构引起的强干扰，使得轴承损伤声发射信号的信噪比低，加上在传输介质中的损耗，仅有很小一部分能量能够到达传感器。为了提高传感器的灵敏度，同时降低低频环境噪声的干扰，谐振频率为 20kHz～400kHz 的声发射传感器被广泛应用，在此选取压电陶瓷的共振频率为 150kHz。

在声发射波中，瑞利波的能量占比最大，沿被测结构表面传播，其振幅衰减速度慢于 P 波和 S 波，这样瑞利波就能传播得更远。因此，沿被测结构表面的声发射波主要为瑞利波，其在压电陶瓷表面上的激励存在相位差。具有相反相位的激励声波会在压电陶瓷表面相互抵消，致使压电陶瓷谐振峰值变小甚至消失，由此带来孔径效应。压电陶瓷产生的电信号强度与陶瓷的尺寸呈正相关，但不能为了提高电信号强度而片面地增加压电陶瓷尺寸。虽然孔径效应无法避免，但是可以通过选择合适的压电陶瓷直径来降低孔径效应带来的影响。

假设压电陶瓷的半径为 R，声波沿其表面传播。由于机械加工结构的表面粗糙，因此，研究压电陶瓷结合面的声波传播必须考虑其微观接触。根据 Greenwood 和 Williamson 模型，两个粗糙度值为 σ_1 和 σ_2 的表面接触相当于一个光滑表面和一个粗糙表面的接触，如图 3-2 所示。等效接触面的粗糙度为 $\sigma=\sqrt{\sigma_1^2+\sigma_2^2}$。所有的微凸体都假定为具有相同曲率半径的球形。

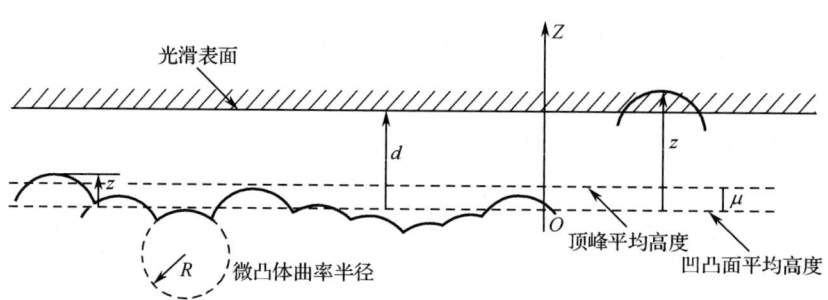

图 3-2 光滑表面与粗糙表面的接触

用函数 $\phi(z)$ 来描述微凸体的顶峰高度 z 分布的概率密度。对于大多数机械加工结构的表面，峰值被认为具有正态分布特性。

$$\phi(z)=\left(\frac{1}{2\pi\sigma^2}\right)^{\frac{1}{2}}\exp\left[-\frac{1}{2}\left(\frac{z-\mu}{\sigma}\right)^2\right] \quad (3\text{-}1)①$$

式中，σ 为 z 的均方根值，又称粗糙度。

在承载力 F 的作用下，光滑表面与粗糙表面之间的距离为 d，那么，顶峰高度超过 d 的微凸体与光滑表面接触时，会发生弹性变形。若粗糙表面每单位面积含有 N_a 个微凸体，则每单位面积接触光滑表面的微凸体数量 n 可由公式（3-2）计算。

$$n=N_a\int_d^\infty \phi(z)\mathrm{d}z \quad (3\text{-}2)$$

此外，顶峰高度为 z 的微凸体被压缩的高度为 $\delta=z-d$，那么，根据赫兹接触理论，对于半径为 R 的单个微凸体来说，有 $a^2=\delta R$。其中，a 为赫兹接触的半

---

① exp 指以自然常数 e 为底的指数函数，下同。

径。根据单个粗糙体的接触面积和承载力 F，压缩量 δ 与承载力 F 的关系可由公式（3-3）得到。

$$\delta = \left(\frac{9F^2}{16E'^2R^2}\right)^{\frac{1}{3}} \tag{3-3}$$

式中，E' 为等效弹性模量，$E' = [(1-\nu_p^2)/E_p + (1-\nu_m^2)/E_m]^{-1}$；$E_p$、$E_m$、$\nu_p$、$\nu_m$ 分别为压电陶瓷和氧化铝的弹性模量和泊松比。

进而得到单位粗糙表面标称接触面积的实际接触面积 S'。

$$S' = \pi R N_a \left(\frac{9F^2}{16E'^2R^2}\right)^{\frac{1}{3}} \int_d^\infty \phi(z)\mathrm{d}z \tag{3-4}$$

式中，粗糙表面的粗糙度 σ、单位面积上的微凸体数量 N_a 和微凸体曲率半径 R 可以用光谱矩参数确定。

上面分析了压电陶瓷与匹配层之间的接触面。假设压电陶瓷底部圆心处的振动形式为正弦波 $f(t) = A\sin(\omega t + \varphi)$，则中心处的振动速度可由公式（3-5）计算。

$$u_O = \frac{\mathrm{d}S}{\mathrm{d}t} = \frac{\mathrm{d}A\sin(\omega t + \varphi)}{\mathrm{d}t} = A\omega\cos(\omega t + \varphi) \tag{3-5}$$

其中，A 为声发射信号幅度，ω 为声发射信号频率，φ 为声发射信号相位角。

距离中心 L（$L < R$）处的振动速度可由公式（3-6）计算。

$$u_L = A\omega\cos\left[\omega\left(t + \frac{L}{c}\right) + \varphi\right] \tag{3-6}$$

式中，c 是声发射波的速度。

则整个压电陶瓷下表面可感知的平均激励为

$$E_A = \int_{-R}^{R} \frac{2S'\sqrt{R^2 - L^2}}{\pi R^2} A\omega\cos\left[\omega\left(t + \frac{L}{c}\right) + \varphi\right]\mathrm{d}L \tag{3-7}$$

令 $W = \omega/C$,可最终得到压电陶瓷下表面的平均激励,如公式(3-8)所示。

$$E_A = A\frac{2S'J_1(WR)}{WR}\cos(\omega t + \varphi) \quad (3-8)$$

式中,J_1 是一阶贝塞尔函数。可以看出,孔径效应不会影响受到平均激励下的压电陶瓷的相位。

对 $2S'J_1(WR)/WR$ 的进一步分析如图 3-3 所示。当 $WR = 0$ 时,$2S'J_1(WR)/WR$ 取得最大值。这要求 W 或 R 中至少有一个为 0,这与实际情况不一致。当 $WR \approx 3.83$ 时,$2S'J_1(WR)/WR$ 首次等于 0。当 $WR \approx 1.617$ 时,$2S'J_1(WR)/WR$ 的值是最大值的 $\sqrt{2}/2$ 倍。此外,随着粗糙表面实际接触面积的减小,压电陶瓷的平均激励幅度减小,振幅波动不明显。在传感器封装中,使用银胶将压电陶瓷与匹配层黏合在一起。银胶不仅起到电极的作用,便于引线,而且增加了实际接触面积,有效减小了粗糙表面带来的影响,从而增强了声波通过接触面的传播,提高了压电陶瓷中的平均激励幅度。基于上述分析,采用 $WR \approx 1.617$ 来确定压电陶瓷的尺寸。

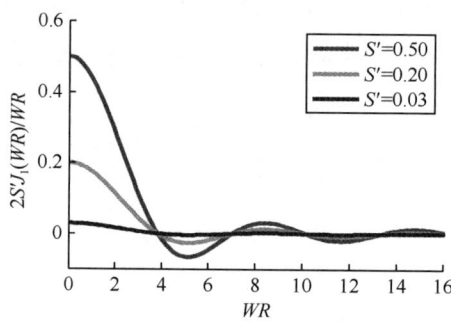

图 3-3　对 $2S'J_1(WR)/WR$ 的进一步分析

结合高速列车机械结构损伤的声发射信号频率和材料声速,进一步分析压电陶瓷半径的数值计算(如图 3-4 所示)。随着声发射信号频率的增加和波速的减小,压电陶瓷的半径逐渐减小。计算得到,当材料中的波速为 3000m/s,波频为 150kHz 时,压电陶瓷的半径为 5.15mm。因此,压电陶瓷的最终直径被设置为 10mm,以确保传感器的高灵敏度。

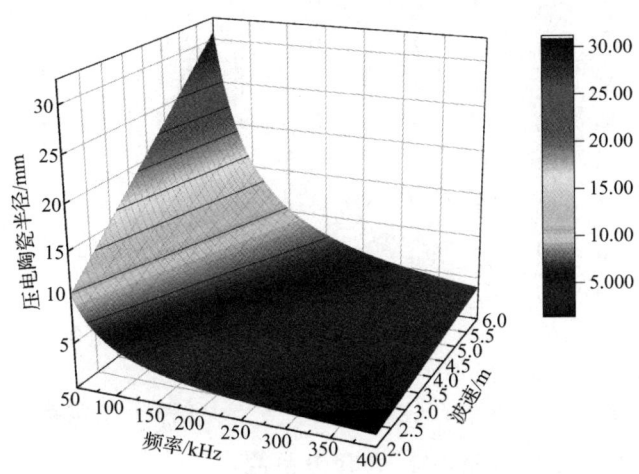

图 3-4 压电陶瓷半径的数值计算

根据之前确定的压电陶瓷的直径和压电陶瓷的共振频率,用公式(3-9)计算厚度方向振动的谐振频率。

$$f_r = \frac{1}{2t}\sqrt{\frac{c_{33}^E}{\rho_p} \cdot \frac{(1-\sigma^E)}{(1+\sigma^E)(1-2\sigma^E)}} \quad (3-9)$$

式中,f_r 为谐振频率,t 为压电陶瓷厚度,c_{33}^E 为压电陶瓷轴向弹性刚度常数,ρ_p 为压电陶瓷密度,σ^E 为压电陶瓷泊松比。最终确定的压电陶瓷参数为 $\phi 10\text{mm} \times 7.6\text{mm}$。

3.2.3 声发射传感器 PZT 的机电耦合模型与特性分析

为了分析压电陶瓷的机电转换过程,为数值模拟奠定理论基础,在此建立了 PZT-5 材料压电陶瓷的本构方程。公式(3-10)描述了 PZT-5 的力学参数(应力 T、应变 S)与电学参数(电场强度 E、位势位移 D)的耦合关系;该公式可用于声发射传感器的力学和电学性能分析。

$$\begin{bmatrix} S_1 \\ S_2 \\ S_3 \\ S_4 \\ S_5 \\ S_6 \\ D_1 \\ D_2 \\ D_3 \end{bmatrix} = \begin{bmatrix} S_{11}^E & S_{12}^E & S_{13}^E & 0 & 0 & 0 \\ S_{12}^E & S_{11}^E & S_{13}^E & 0 & 0 & 0 \\ S_{13}^E & S_{13}^E & S_{33}^E & 0 & 0 & 0 \\ 0 & 0 & 0 & S_{44}^E & 0 & 0 \\ 0 & 0 & 0 & 0 & S_{44}^E & 0 \\ 0 & 0 & 0 & 0 & 0 & 2(S_{11}^E - S_{12}^E) \\ 0 & 0 & 0 & 0 & d_{15} & 0 \\ 0 & 0 & 0 & d_{15} & 0 & 0 \\ d_{31} & d_{31} & d_{33} & 0 & 0 & 0 \end{bmatrix} \begin{bmatrix} T_1 \\ T_2 \\ T_3 \\ T_4 \\ T_5 \\ T_6 \end{bmatrix} + \begin{bmatrix} 0 & 0 & d_{31} \\ 0 & 0 & d_{31} \\ 0 & 0 & d_{33} \\ 0 & d_{15} & 0 \\ d_{15} & 0 & 0 \\ 0 & 0 & 0 \\ \varepsilon_{11}^T & 0 & 0 \\ 0 & \varepsilon_{11}^T & 0 \\ 0 & 0 & \varepsilon_{33}^T \end{bmatrix} \begin{bmatrix} E_1 \\ E_2 \\ E_3 \end{bmatrix} \quad (3\text{-}10)$$

式中，S_i 为应变分量，D_i 为潜在位移分量，S_{ij}^E 为弹性柔度常数，d_{ij} 为压电常数，T_i 为应力分量，E_i 为电场分量，ε_{ij}^T 为介电系数。

压电陶瓷的振动模式是设计声发射传感器的理论基础。这些振动模式不仅可以为计算或测量压电陶瓷的参数提供依据，而且是构成声发射传感器的基本单元，因此，可建立压电陶瓷振动模型。由于基于本构方程的压电陶瓷工作模式为 d_{33}，当仅考虑厚度方向的振动时，应变 $S_3 \neq 0$，电位移 $D_3 \neq 0$，压电陶瓷纵向振动模型如图 3-5 所示。其中，压电陶瓷的半径为 r，压电陶瓷的面积 $S_0 = \pi r^2$，厚度为 t，压电陶瓷前端和后端所受的力分别为 F_f 和 F_h，压电陶瓷前端和后端所受的轴向位移分别为 ζ_f 和 ζ_h。

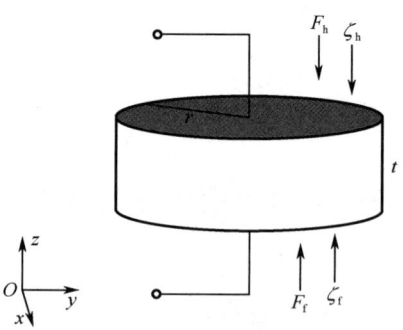

图 3-5 压电陶瓷纵向振动模型

对上述简化的本构方程进行分析，考虑到压电陶瓷中不存在自由电荷，$\partial D_3 / \partial z = 0$。

固体中的波动方程可表示为

第3章 轴承损伤响应声发射传感技术

$$\rho \frac{\partial^2 \zeta}{\partial t^2} = \frac{\partial T_3}{\partial x} = v^2 \frac{\partial^2 \zeta}{\partial x^2} \tag{3-11}$$

式中，ρ 为密度，ζ 为位移，v 为纵波波速。

当激励为简谐激励时，公式（3-11）可求解为

$$\zeta = \zeta_a \sin k_0 x + \zeta_b \cos k_0 x \tag{3-12}$$

式中，k_0 为波数，$k_0 = w_0/c_0$。根据压电陶瓷两端的边界条件可以计算 ζ_a 和 ζ_b，如公式（3-13）所示。

$$\zeta|_{x=0} = \zeta_h, \quad \zeta|_{x=t} = \zeta_f \tag{3-13}$$

同时，压电陶瓷电流与电压的关系如公式（3-14）所示。

$$I = j\omega S_0 D_3, \quad V = \int_0^t E_3 \mathrm{d}z \tag{3-14}$$

根据压电陶瓷两端机械平衡的原理，在上述分析的基础上，由公式（3-15）可确定压电陶瓷在纵向振动模式下的机械振动方程和电路状态方程。该方程解释了压电陶瓷的机电特性和声传播的等效模型。

$$\begin{cases} F_h = \left(\dfrac{\rho v S_0}{j\sin k_0 t} - \dfrac{n^2}{j\omega C_0} \right)(\dot\zeta_f + \dot\zeta_h) + j\rho v S_0 \tan\dfrac{1}{2} k_0 t \dot\zeta_h + \dfrac{nI}{j\omega C_0} \\ F_f = \left(\dfrac{\rho v S_0}{j\sin k_0 t} - \dfrac{n^2}{j\omega C_0} \right)(\dot\zeta_f + \dot\zeta_h) + j\rho v S_0 \tan\dfrac{1}{2} k_0 t \dot\zeta_f + \dfrac{nI}{j\omega C_0} \\ V = \dfrac{I + n(\dot\zeta_f + \dot\zeta_h)}{j\omega C_0} \end{cases} \tag{3-15}$$

式中，C_0 为压电陶瓷截止电容，I 为电流，n 为机电转换系数；$\dot\zeta_f$、$\dot\zeta_h$ 分别为压电陶瓷前端和后端所受的轴向振动速度。

当压电陶瓷沿厚度方向振动时，$F_h = F_f = 0$，通过力学和电学类比可以得到压电陶瓷的等效电阻抗 Z，即

$$Z = \frac{1}{j\omega C_0} \left(1 - k_{33}^2 \frac{\tan\dfrac{k_0 t}{2}}{\dfrac{k_0 t}{2}} \right) \tag{3-16}$$

式中，k_{33} 为机电耦合系数。

3.2.4 声发射传感器匹配层参数模型与特性分析

当机械结构损伤产生的声发射信号传播到传感器表面时，首先通过匹配层传播，然后在压电陶瓷中引起振动，最后部分声波被背衬层吸收。其中，介质的声阻抗值计算为

$$Z_i = \rho_i v_i \ (i = \text{s,m,p,b}) \tag{3-17}$$

式中，ρ_i 为材料的密度，v_i 为材料中的声速。结构声阻抗为 Z_s，匹配层声阻抗为 Z_m，压电陶瓷声阻抗为 Z_p，背衬层声阻抗为 Z_b。

由于声发射波在匹配层中的传播存在能量衰减，因此，当匹配层材料确定后，基于声波衰减的匹配层厚度研究对于提高被测结构与压电陶瓷之间声强透射率尤为关键。当声发射信号以平面波形式传播时，由于平面波的波阵面是平面，且声发射传感器结构属于圆柱体，波阵面不会扩大，可认为声发射波在传感器内部不发生扩散衰减，因此，声发射波在匹配层中的能量衰减主要为散射衰减和吸收衰减。因此，基于匹配层中的能量衰减分析对声发射信号的传播过程进行研究，声发射信号的传播如图 3-6 所示，一列平面声波 (p_i, v_i) 垂直入射到匹配层的界面上，其中，一部分声波被反射形成反射波，记为 (p_{1r}, v_{1r})；另一部分声波透射到匹配层内部，记为 (p_{2t}, v_{2t})。当声波传播到压电陶瓷界面时，由于阻抗的变化，又有一部分声波反射回匹配层，记为 (p_{2r}, v_{2r})。剩余声波穿透压电陶瓷，完成机电转换过程。

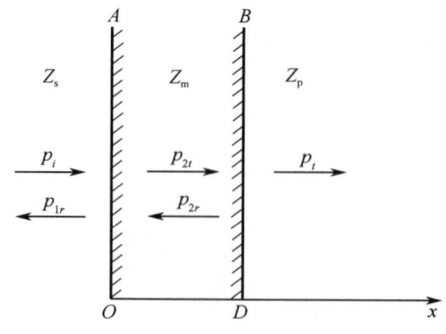

图 3-6 声发射信号的传播

在此假设如下：（1）背衬层与压电陶瓷阻抗匹配，背衬层能有效吸收声波，因此，不考虑背衬层的反射声波；（2）匹配层和压电陶瓷各端面平行，压电陶瓷镀银层和黏结剂的影响可以忽略；（3）只关注压电陶瓷厚度方向的振动，因为声强透射系数主要与纵波相关。

首先，分析匹配层的能量衰减。单位面积上由于散射衰减和吸收衰减造成的能量损失表示为

$$dE_o = -\alpha E_o dx \tag{3-18}$$

式中，α 为比例系数，E_o 为 x 点处的声发射能量。

对公式（3-18）进行变换并积分得到公式（3-19）。

$$\int_{E_i}^{E_o} \frac{1}{E_o} dE_o = -\alpha \int_0^x dx \tag{3-19}$$

式中，E_i 为 $x=0$ 时的单位波前能量。

可得

$$E_o = E_i e^{-\alpha x} \tag{3-20}$$

粒子单位面积的振动能表示为

$$E_o = \frac{mA_m^2}{2} \tag{3-21}$$

式中，m 为粒子单位面积的质量，A_m 为粒子单位面积的振动幅值。

将公式（3-20）代入公式（3-21），可得振幅衰减规律为

$$A_m = \sqrt{\frac{2E_i}{m}} e^{-\frac{\alpha}{2}x} = A_{m_{\max}} e^{-\beta x} \tag{3-22}$$

式中，$A_{m_{\max}} = \sqrt{2E_i/m}$ 为最大振幅，β 为衰减系数。由散射衰减和吸收衰减引起的振幅衰减用指数函数模型表示。据此，各列波表示为

$$\begin{aligned}
p_i &= p_{ia}\mathrm{e}^{\mathrm{j}(wt-k_1x)}, \\
v_i &= v_{ia}\mathrm{e}^{\mathrm{j}(wt-k_1x)}, \\
p_{1r} &= p_{1ra}\mathrm{e}^{\mathrm{j}(wt+k_1x)}, \\
v_{1r} &= v_{1ra}\mathrm{e}^{\mathrm{j}(wt+k_1x)}, \\
p_{2t} &= p_{2ta}\mathrm{e}^{\mathrm{j}(wt-k_2x)}, \\
v_{2t} &= v_{2ta}\mathrm{e}^{\mathrm{j}(wt-k_2x)}, \\
p_{2r} &= p_{2ra}\mathrm{e}^{\mathrm{j}(wt+k_2x)}, \\
v_{2r} &= v_{2ra}\mathrm{e}^{\mathrm{j}(wt+k_2x)}
\end{aligned} \tag{3-23}$$

式中，k_1、k_2 为波数，$k_1 = w/c_1$，$k_2 = w/c_2$。对于透射波，进入压电陶瓷的声波的波长相当于从坐标原点到右端的距离 D，即匹配层的厚度。因此，(p_t, v_t) 可以表示为

$$\begin{cases} p_t = p_{ta}\mathrm{e}^{\mathrm{j}[wt-k_1(x-D)]} \\ v_t = v_{ta}\mathrm{e}^{\mathrm{j}[wt-k_1(x-D)]} \end{cases} \tag{3-24}$$

随后，基于声压和法向粒子速度在 $x = 0$ 处的连续条件，得到公式（3-25）。

$$\begin{cases} p_{ia} + p_{1a} = p_{2ta} + p_{2ra} \\ v_{ia} + v_{1a} = v_{2ta} + v_{2ra} \end{cases} \tag{3-25}$$

基于声压和法向粒子速度在 $x = D$ 处的连续条件，得到公式（3-26）。

$$\begin{cases} p_{ta} = p_{2ta}\mathrm{e}^{-\mathrm{j}k_2D}\mathrm{e}^{-\beta D} + p_{2ra}\mathrm{e}^{\mathrm{j}k_2D}\mathrm{e}^{\beta D} \\ v_{ta} = v_{2ta}\mathrm{e}^{-\mathrm{j}k_2D} + v_{2ra}\mathrm{e}^{\mathrm{j}k_2D} \end{cases} \tag{3-26}$$

由于每一列波都是平面波，所以粒子速度可以表示为

$$v_{ia} = \frac{p_{ia}}{Z_s}, v_{1ra} = -\frac{p_{1ra}}{Z_s}, v_{2ta} = \frac{p_{2ta}\mathrm{e}^{-\beta D}}{Z_m}, v_{2ra} = -\frac{p_{2ra}\mathrm{e}^{\beta D}}{Z_m}, v_{ta} = \frac{p_{ta}}{Z_p} \tag{3-27}$$

最后，将公式（3-27）分别代入公式（3-25）和公式（3-26），化简后得到透射波强度与入射波强度的比值，声衰减的声强透射系数 t_I 由式（3-28）得到。

$$t_I = \frac{16Z_sZ_p}{L_{\beta 1}(Z_s+Z_p)^2 + L_{\beta 2}\left(Z_m+\dfrac{Z_sZ_p}{Z_m}\right)^2 + L_{\beta 3}(Z_s+Z_p)\left(Z_m+\dfrac{Z_sZ_p}{Z_m}\right)} \tag{3-28}$$

式中，$L_{\beta 1}=(\mathrm{e}^{\beta D}-\mathrm{e}^{-\beta D})^2+4\cos^2 k_2 D$，$L_{\beta 2}=(\mathrm{e}^{\beta D}-\mathrm{e}^{-\beta D})^2+4\sin^2 k_2 D$，$L_{\beta 3}=2(\mathrm{e}^{2\beta D}-\mathrm{e}^{-2\beta D})$。

根据高速列车轴承损伤声发射信号的频率和匹配层的厚度，进一步分析上述基于不同衰减系数的声强透射系数（SITC）模型。不同 β 值的声强透射系数如图 3-7 所示。当 $\beta=0$ 时，匹配层中的声波传播不存在能量衰减，此时模型为著名的四分之一波长理论，即匹配层的最佳厚度为四分之一波长的奇数倍。匹配层的厚度是影响声发射强度的主要因素。此外，声发射信号的频率对声发射强度也有一定影响，声发射信号的频率越高，最佳匹配层的厚度越小。随着 β 的增加，匹配层的厚度依然是影响 SITC 的主要因素，且 SITC 的整体幅值逐渐减小，然而频率的影响逐渐降低。对于氧化铝材料，其衰减系数为 0.05396，如图 3-7（c）所示，此时，在不考虑传感器结构强度的情况下，匹配层厚度应薄一些；且随着 β 的进一步增大，SITC 随匹配层厚度增大，衰减速率也增大，呈现明显的指数衰减形式。

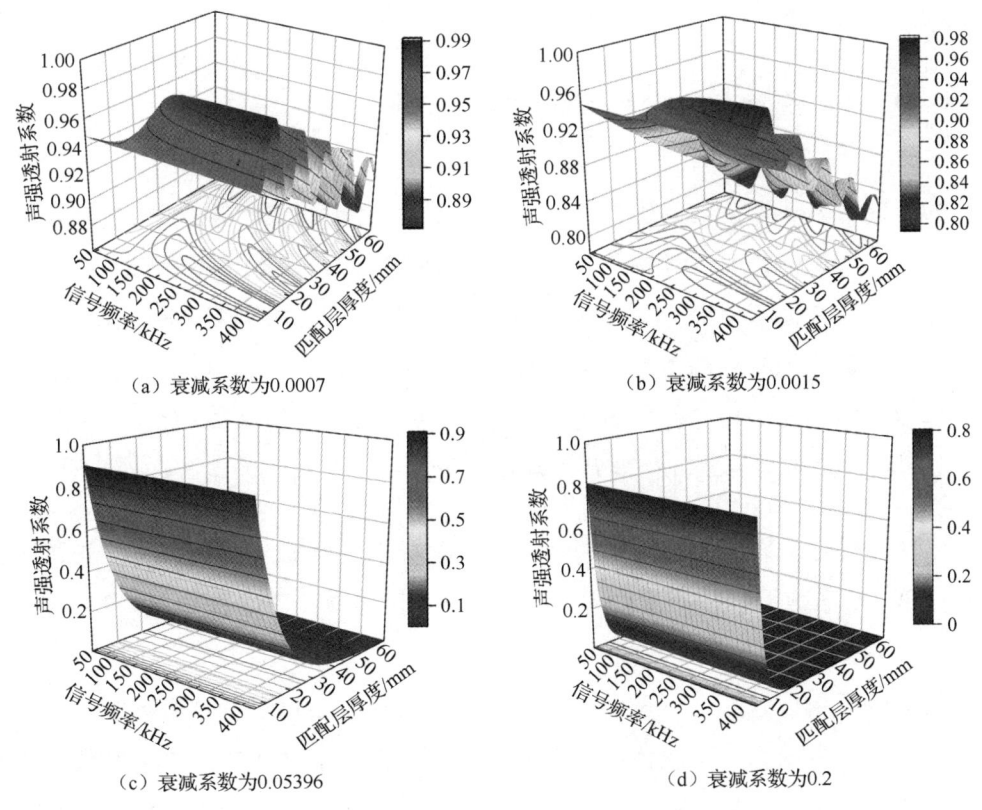

图 3-7 不同 β 值的声强透射系数

根据上述分析，结合部分材料的典型 β 值，统计得出不同 β 值下匹配层的最佳厚度 T_o，推导得出 β 和匹配层的最佳厚度的对应关系（如表 3-1 所示）。不同衰减系数对应的匹配层厚度差别较大，可知基于声波衰减的声强透射系数模型对匹配层厚度的选取至关重要。对于单层匹配层而言，随着材料衰减系数的增大，最佳匹配层厚度从四分之一波长开始逐渐减小，且衰减系数越大，对应的最佳匹配层厚度越薄；当 β 大于 0.005 时，在不考虑结构强度的情况下，最佳匹配层厚度应越薄越好。由于匹配层厚度为 0.4~60mm，因此，最佳匹配层厚度为 0.4mm。

表 3-1　β 和匹配层的最佳厚度的对应关系

β	0.001	0.003	0.005	0.006	0.01	0.1
T_o/mm	6.0	5.4	4.6	0.4	0.4	0.4

3.3　声发射传感器系统数值模拟与性能分析

3.3.1　声发射传感器有限元建模方法

为了验证上述模型的准确性，并分析声发射传感器的整体电声特性，采用具有强大后处理功能的多物理场仿真工具 COMSOL 对声发射传感器内部声波的传播进行仿真。该模型使用 COMSOL 内置的声-压电相互作用模块进行建模，包括压力声学、固体力学和静电学 3 个物理场。首先，根据声发射传感器数学模型确定传感器材料和基本尺寸；其次，建立声发射传感器的三维结构（如图 3-8 所示）；最后，根据声发射传感器部件的功能和研究对象，设置相应的求解域和边界条件。

压电陶瓷部分属于固体力学和静电域，匹配层、背衬层、引脚和外壳属于压力声学域。对于声发射传感器的电学边界条件，压电陶瓷下表面设置为终端接地；上表面设置为电荷型，作为接收终端，电荷为 0，即产生的电量立即输出。传感器所受激励作用在匹配层下表面。此外，由于内置电路位于背衬层尾部，且尺寸较小，因此，忽略其对声波传播的影响。随后，在此基础上建立声发射传感器的有限元模型（如图 3-9 所示）。为了准确地模拟声波传播，有必要使用足够的有限单元密度来解析传感器中的最短声波波长。所有的网格单元都是二次几何单元。

由于传感器下半部分具有旋转对称性，因此，通过扫描截面网格生成六面体单元，其余单元具有四面体结构。

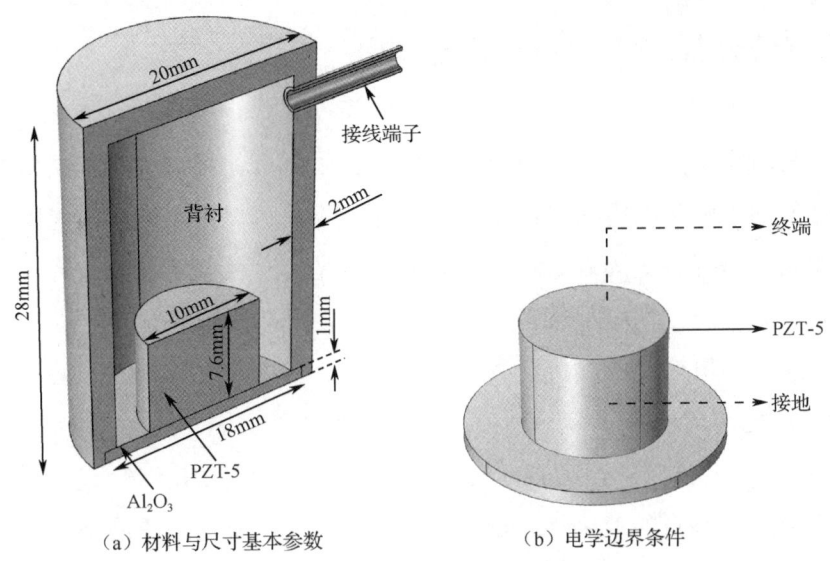

图 3-8　声发射传感器的三维结构

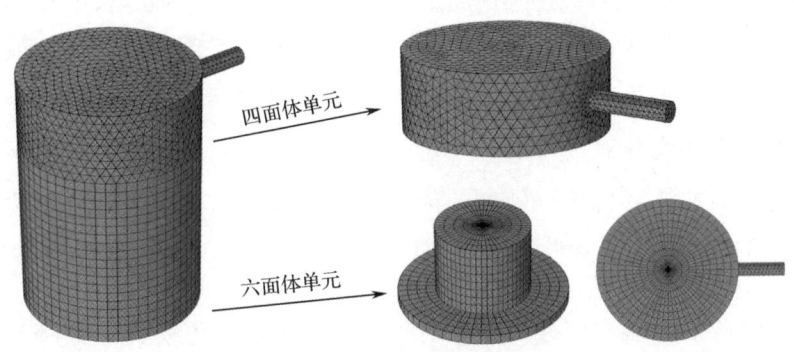

图 3-9　声发射传感器的有限元模型

为满足不同数值模拟研究对网格单元的要求，选取最大网格尺寸 h_{mesh}，如公式（3-29）所示。

$$h_{mesh} = \frac{c_{min}}{8f_{max}} \qquad (3-29)$$

式中，c_{min} 为最小速度，f_{max} 为声波的最大频率。

在进行时域暂态分析时，通过广义 α 法计算得到有限元模型的时间步长为

0.1μs。对于频域瞬态分析,频率步长固定在 1kHz。

3.3.2 声发射传感器 PZT 结构有限元分析

一方面,利用模态分析方法对压电陶瓷进行压电分析。模态分析根据压电陶瓷在无载荷时的动态响应获得仿真结果。模态分析不仅可以用于研究压电陶瓷的振动特性,而且可以得到其固有频率及其对应的振型,从而验证压电陶瓷尺寸参数模型的正确性。此外,为了保证有限元模拟结果的准确性和可靠性,在进行数值模拟时,考虑了压电陶瓷的机械阻尼和介电损耗。压电陶瓷的模态分析结果如图 3-10 所示。压电陶瓷的第一模态和第二模态分别如图 3-10(a)和图 3-10(b)所示。第一模态为厚度方向的伸缩振动模式,固有频率为 149kHz,符合设计要求,验证了压电陶瓷尺寸参数的准确性。图 3-10(c)显示了压电陶瓷的阻抗模态特性,压电陶瓷的阻抗随激励频率的变化而不断变化。当激励频率接近固有频率时,由于压电陶瓷的共振现象,压电陶瓷产生的电荷较大,压电陶瓷的阻抗值很小;当激励频率等于谐振频率时,阻抗达到最小值,压电陶瓷的振动达到最大值;当激励频率远离谐振频率时,压电陶瓷的阻抗增大,并在反谐振频率处达到最大值。由此可知,压电陶瓷具有一定的频率选择特性,对低频振动信号特别不敏感,从而提高了传感器的抗环境干扰能力。因此,压电陶瓷的第一模态对高速列车轴承的声发射信号感知有显著影响,从而提高了声发射传感器对微弱损伤信号的灵敏度。

另一方面,采用谐响应分析方法对压电陶瓷进行压电研究,此时,在压电陶瓷下端施加一个按照简谐规律变化的载荷。由于压电陶瓷可以看作是一个容性器件,可以通过阻抗或导纳来研究压电陶瓷的电特性。根据阻抗的定义,结合 COMSOL 软件的内置变量,输入公式(3-30)进行后处理,以确定阻抗模。

$$|Z| = \left|\frac{\dot{U}}{\dot{I}}\right| = abs\left[\frac{es.V0\_1}{intopl(es.nD) \times es.iomega}\right] \quad (3-30)$$

式中,$|Z|$ 为压电陶瓷阻抗模,$\dot{U}$ 为端子电压,$\dot{I}$ 为端子电流,intop1 为压电陶瓷端子的表面积分,es. V0_1 为端子电压,es. nD 为端子表面电荷密度,es. iomega 为角频率。

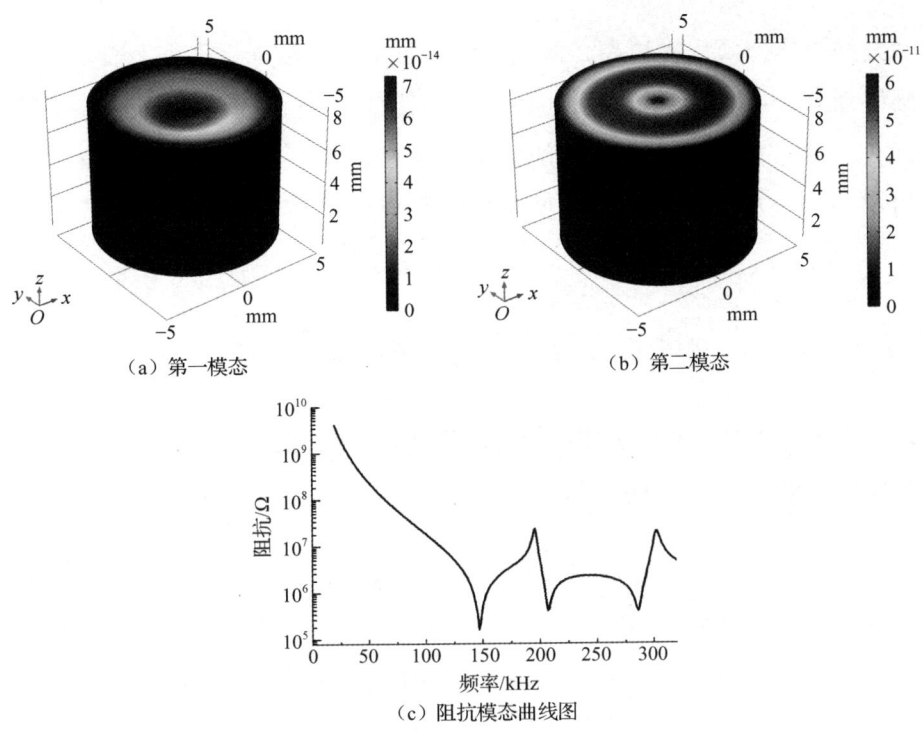

(a)第一模态　　(b)第二模态　　(c)阻抗模态曲线图

图 3-10　压电陶瓷的模态分析结果

3.3.3　声发射传感器的声学特性

1. 匹配层

对匹配层声学特性进行研究,须先选定瞬态分析类型。为了验证声波在匹配层中的衰减特性,将表面载荷激励信号施加到匹配层的下表面,采用汉宁窗调制正弦波作为激励信号。激励信号方程为

$$A(t)=\frac{1}{2}\left\{\left[1-\cos\left(\frac{2\pi f_0 t}{3}\right)\right]\sin(2\pi f_0 t)\right\}(0\leqslant t\leqslant 3T) \quad (3\text{-}31)$$

式中,$A(t)$ 为外加载荷,t 为正弦波周期,f_0 为声发射波中心频率,T 为激励信号的周期。

此外,由于本章主要分析的是声发射波的衰减特性,因此,选择匹配层的上

表面及其柱面作为低反射边界。低反射边界可用于时域分析，且不需要在解域外进行网格划分，从而降低了模型的自由度和计算量，提高了有限元模型的计算效率。此外，通过构建横波和纵波的完美匹配层，实现了低反射边界条件和减少声反射引起的叠加干扰。因此，低反射边界可以提高分析结果的准确性，如公式（3-32）所示。

$$\boldsymbol{\sigma}\cdot\boldsymbol{n}=-\rho_\text{m} v_\text{m}\left(\frac{\partial \boldsymbol{u}}{\partial t}\cdot\boldsymbol{n}\right)\boldsymbol{n}-\rho_\text{m} v'_\text{m}\left(\frac{\partial \boldsymbol{u}}{\partial t}\cdot\boldsymbol{\tau}\right)\boldsymbol{\tau} \qquad (3\text{-}32)$$

式中，$\boldsymbol{\sigma}$ 为应力张量，$\boldsymbol{n}$ 和 $\boldsymbol{\tau}$ 分别为边界上的法向量和切向量，$\boldsymbol{u}$ 为速度场，ρ_m 为匹配层的密度，v_m 为匹配层的纵波速度，v'_m 为匹配层的横波速度。

通过对匹配层有限元模型的结果进行后处理，可以得到匹配层在不同传播时间下的位移云图（如图 3-11 所示）。声波以平面波的形式在匹配层中传播。在一定的传播时间和距离下，初始声波具有相同的相位，声波的衰减随传播距离的增加而增加。

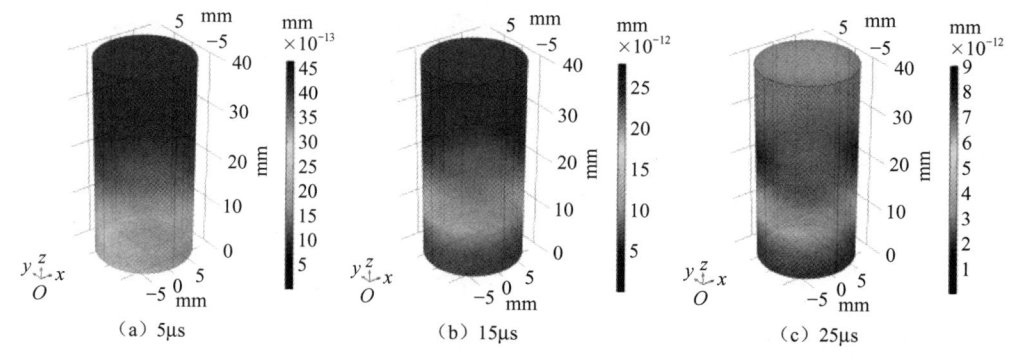

图 3-11　匹配层在不同传播时间的位移云图

为了观察声波的时域波形，进一步分析声波的衰减特性。在匹配层中，沿声波传播的正方向，每隔 5mm 观测一次信号波形，得到 8 个点对应的位移时域信号，位移幅值及其在不同传输距离下的衰减趋势如图 3-12 所示。x 轴表示距离，每个距离点对应一个衰减信号。y 轴表示时间，它决定了不同衰减信号的传播过程。z 轴表示位移幅值，可以显示不同衰减信号在传播过程中的幅值变化。随着传播距离的增加，位移幅值不断减小，呈明显的指数衰减趋势。

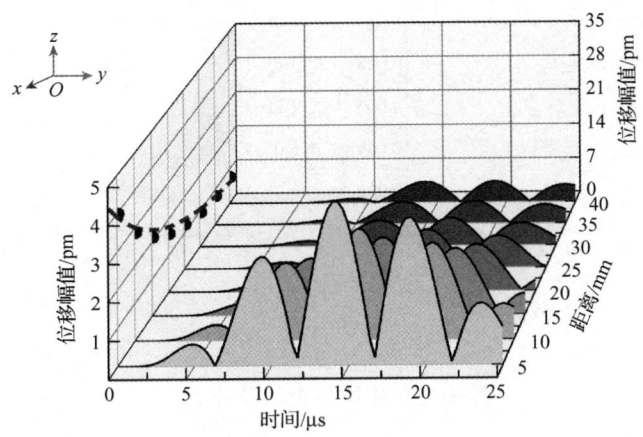

图 3-12　位移幅值及其在不同传输距离下的衰减趋势

将同一时刻下不同距离对应的衰减信号的第一波振幅（黑点）投影在 x-z 平面上，随后根据第一波振幅与不同距离的关系得到拟合曲线（虚线）。可将第一波振幅与距离的拟合曲线表示为

$$A'_m = A'_{m_{\max}} e^{-\beta' x} \quad (3\text{-}33)$$

式中，A'_m 为声波传播不同距离时第一波的位移振幅，x 为传播距离，$A'_{m_{\max}} = 4.917$，$\beta' = 0.0509$。

可以看出，数值模拟结果略小于实际值，这主要是因为数值模拟的声波在匹配层中的传播过程是在理想环境下进行的，不受外界因素的影响，因此，匹配层中的声波衰减值略小于实际值。基于上述分析，验证了声波在匹配层中的衰减模型，为进一步验证基于声波衰减的匹配层厚度模型的正确性提供了理论依据。

基于匹配层的数学模型和数值模拟结果，选择匹配层的厚度为 1mm，分别分析压电陶瓷带匹配层和不带匹配层时的电特性。压电陶瓷的导纳曲线如图 3-13 所示。虽然最大导纳值（即共振频率）对应的频率降低，但总体导纳值增加（特别是在非共振频率附近），从而表明，添加匹配层可以增加声发射传感器的工作带宽。此外，由于带匹配层的压电陶瓷相当于在压电陶瓷中增加了一个振动元件，因此，在导纳曲线中出现了一个新的峰值。匹配层和压电陶瓷的振动由激励信号驱动，这两部分的振动模式会共同增强或抑制，有助于提高声发射传感器的整体声学响应。

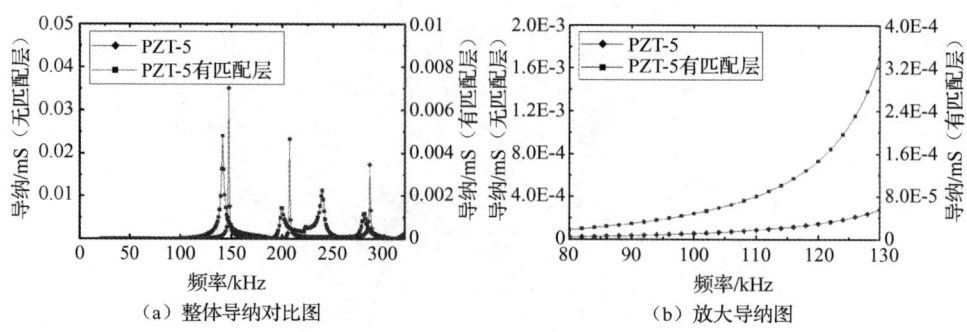

图 3-13 压电陶瓷的导纳曲线

2. 背衬层

环氧树脂和钨粉作为背衬层的组成材料，具有良好的吸声效果，但会降低传感器的谐振频率。为了求得声发射信号输入和输出之间的转换，同时分析声发射传感器在工作状态下背衬层的吸声效果，分别利用 COMSOL 的时域和频域分析方法对传感器的有限元模型进行数值模拟。此外，为了降低反射声波对压电陶瓷感知电信号的干扰，将背衬层末端面及侧面设置为辐射边界。当入射角接近法向时，辐射边界使出射平面波以最小的反射离开模型域。对于频域分析，辐射边界定义如 Givoli 和 Neta 所述；对于时域分析，辐射边界定义为

$$\boldsymbol{n} \cdot \left[\frac{1}{\rho_\mathrm{m}}(\nabla p) \right] + \mathrm{i}k \cdot \frac{p}{\rho_\mathrm{m}} = 0 \tag{3-34}$$

式中，$\boldsymbol{n}$ 为单位法向量，k 为波数，ρ_m 为匹配层密度，p 为声压。

考虑到高速列车轴承损伤声发射信号的频带和声发射传感器的谐振频率范围，分别设置 $f_0=110\mathrm{kHz}$、$f_0=140\mathrm{kHz}$ 和 $f_0=170\mathrm{kHz}$ 作为输入信号的频率，随后通过后处理得到压电陶瓷端子的电压信号，如图 3-14（a）～图 3-14（c）所示。当 $f_0=110\mathrm{kHz}$ 时，电压信号拖尾时间很小，说明背衬层具有良好的吸声效果。当 $f_0=140\mathrm{kHz}$ 时，激励信号的频率接近共振频率，信号虽呈衰减趋势，但衰减效果减弱，随时间增大而增大；同时，随着激励信号频率的增加，背衬层的阻尼性能得到改善。当 $f_0=170\mathrm{kHz}$ 时，信号衰减速度较快，整体幅度减小。

为表征背衬层吸声能力，利用能量通量密度确定背衬层的声衰减指数（AAI），

用公式（3-35）进行计算。

$$AAI = 10\lg \frac{W_{in}}{W_{out}} \quad (3\text{-}35)$$

式中，W_{in} 为压电陶瓷下表面的能量密度，W_{out} 为背衬层上表面的能量密度。

对应频域下的背衬层声压等势面及末端表面声压如图 3-14（d）～图 3-14（f）所示。当激励频率接近共振频率时，AAI 较小，吸声能力较低；相反，当激励频率远离共振频率时，AAI 较大，从而验证了共振现象对底层吸声能力的影响。当 $f_0 = 140\text{kHz}$ 时，背衬层的 AAI 最小。因此，共振是影响背衬层吸声能力的一个不可忽略的因素。

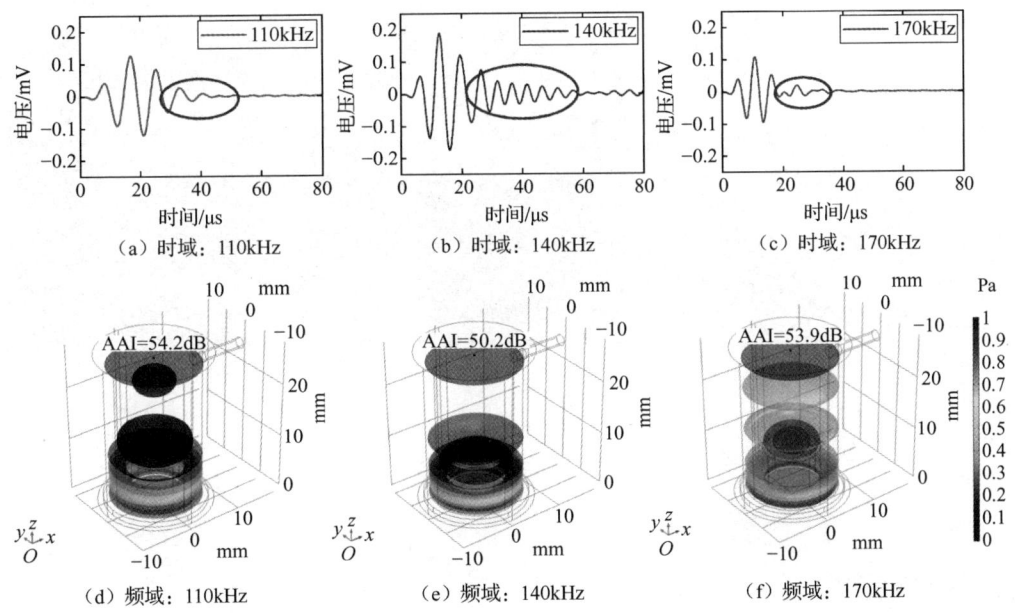

图 3-14 背衬层吸声效果的时域和频域分析

上述数值模拟模型可以有效地解决声发射传感器多物理场耦合的复杂性。最重要的是，该模型可用于分析声发射传感器各部件的电声特性，以及不同材料和尺寸参数对声发射传感器性能的影响，从而降低声发射传感器的设计成本。

3.4 声发射传感器实验研究及性能分析

针对声发射传感器低功耗、低噪声的特点，在此设计了带通滤波放大电路，电路增益为 26dB，3dB 带宽为 50～800kHz，同时制备了声发射传感器各部分材料并完成封装。为了验证基于波衰减的匹配层数学模型，设计了相应的实验装置（如图 3-15 所示）。图 3-15（c）为不同厚度匹配层的传感器，其中，5 个自行研制的传感器 1～传感器 5 对应的匹配层厚度分别为 1mm、2mm、3mm、4mm、5mm。

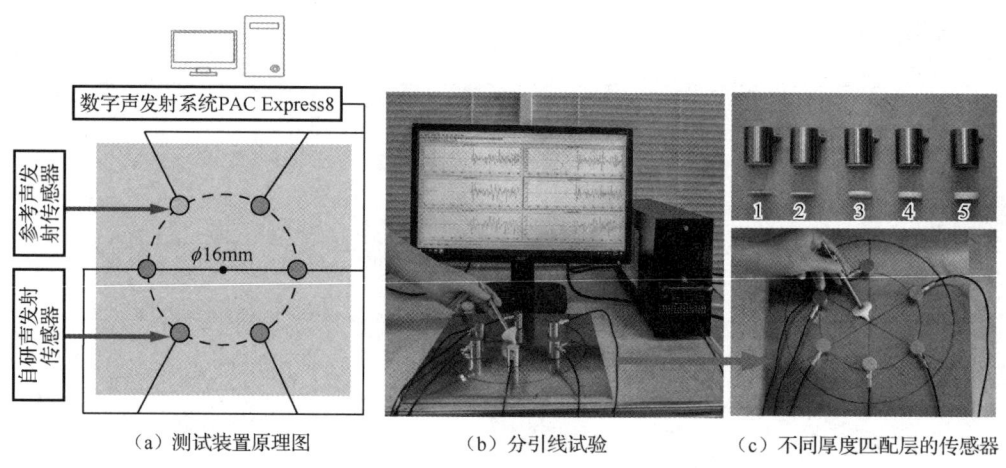

（a）测试装置原理图　　（b）分引线试验　　（c）不同厚度匹配层的传感器

图 3-15　验证匹配层数学模型的实验装置

3.4.1　匹配层模拟实验研究与验证

图 3-15 中的 6 个传感器，包括 5 个自行研制的传感器和一个参考传感器（型号为 PK15I），均匀地布置在金属板表面的同一圆上，传感器与声发射源的距离（圆心）一致。声发射源是通过在金属板上以 30°角、折断直径为 0.5mm、长度为 2.5mm 的铅笔头来模拟的。使用 3D 打印技术制造支撑环，用于确保断铅的一致性。此外，为了防止声发射波传播至桌面造成能量损失，使用 4 个垫片使钢板脱离桌面，从而保证声发射波在金属板内传播；且金属板与空气声阻抗悬殊，可

认为能量不会传播至空气中。使用型号为 PAC Express 8 的八通道数字声发射系统对传感器数据进行采集,声发射传感器参数设置如表 3-2 所示。接下来对同一声发射源下不同声发射传感器的信号进行研究。

表 3-2 声发射传感器参数设置

参　　数		数　　值
门槛[①]/dB		30±15
模拟滤波器频率/kHz		50~400
声发射定时参数	峰值定义时间(PDT)/s	300
	撞击定义时间(HDT)/s	600
	撞击锁定时间(HLT)/s	1000
采样频率/MHz		2
采样时间/s		1

声发射波传播至钢板边界会发生反射,这会导致前向声发射波与反射波的耦合。因此,为了减少反射波对初始声发射波的干扰,对声发射传感器接收到的首波信号进行分析,以此来验证基于声波衰减的匹配层厚度设计模型的正确性。断铅信号分析如图 3-16 所示。采集的前 80μs 不同厚度匹配层中的首波信号如图 3-16(a)所示,局部放大后可以清晰地看到断铅信号的首波。对比前 5 幅图可以看出,随着匹配层厚度的增加,首波和整个信号的最大值逐渐减小。此外,随着匹配层厚度的增加,整个信号的最大振幅逐渐降低,甚至前向声发射波与反射波的耦合也会产生最大值,严重影响声发射传感器感知的精度。因此,随着匹配层厚度的增加,冲击信号特征的重要性不断降低,相应声发射传感器的响应变差。经过多次实验,随机抽取 10 组断铅信号实验数据进行统计分析,不同匹配层厚度的声发射传感器对应的首波峰值分布如图 3-16(b)所示。可以看出,在不同匹配层厚度下,首波的峰值(首波最大幅值)存在小范围波动,整体呈现随厚度增加而衰减的趋势。为了降低误差,对首波的峰值的平均值进行指数拟合,拟合方程在图 3-16(b)中。通过拟合方程得到的衰减系数为 0.05942,略大于参考衰减系数 0.05396。这是由于声发射波经过耦合剂时会造成一定的能量损耗,但

---

① 电压值超过门槛则可以被采集,此处门槛可以理解为某一阈值,是领域内专用名词。

这并不影响实验结果的正确性。此外,通过断铅信号响应可知,自研传感器与参考传感器具有严格的一致性。

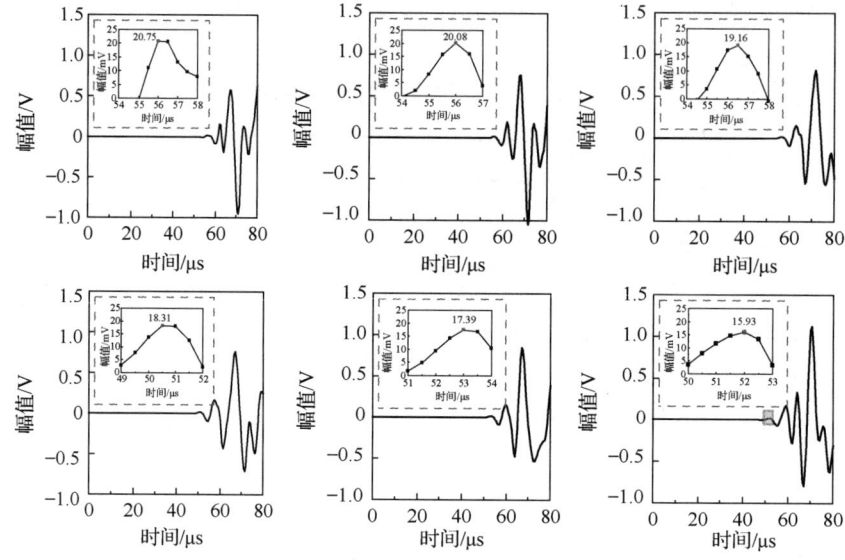

(a) 前80μs不同厚度匹配层中的首波信号

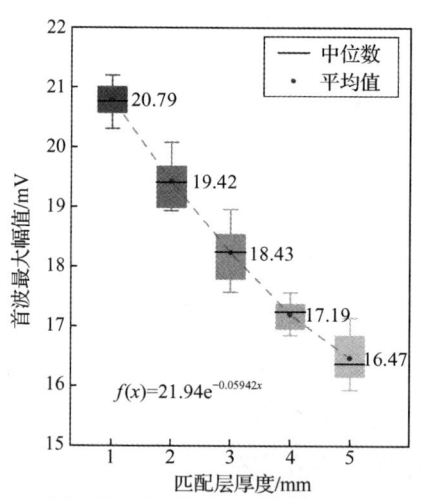

(b) 不同匹配层厚度的声发射传感器对应的首波幅值分布

图 3-16 断铅信号分析

进一步对断铅信号的撞击特征参数进行统计,如表 3-3 所示。随着匹配层厚度的增加,振幅、均方根值(Root Mean Square,RMS)、平均信号电平(Average Signal Level,ASL)和平均频率(Average Frequency,AF)特征参数逐渐降低,上升时间逐渐增加。这些趋势表明，冲击信号的紧密程度降低，传感器的脉冲响应变差。这主要是因为匹配层厚度的增加降低了声发射传感器的 SITC 和共振频率，导致声发射传感器的性能下降。

表 3-3 断铅信号的撞击特征参数

传感器序号	参数							
	振幅 x_1 /dB	上升时间 x_2 /μs	能量 x_3 /(mV·μs)	计数 x_4 /次	持续时间 x_5 /μs	RMS x_6 /V	ASL x_7 /dB	AF x_8 /kHz
1	92	10	2934	414	5736	0.0106	57	72
2	91	12	2198	301	4957	0.0088	55	61
3	89	13	1603	267	4009	0.0066	53	57
4	88	37	1548	183	3732	0.0040	46	49
5	86	56	1307	134	3338	0.0037	40	40
参考	91	12	2489	327	4972	0.0090	56	66

3.4.2 声发射传感器的综合性能评价指标

对于声发射传感器，现有的技术参数只能描述其整体工作状态，不能综合评价其感知信号能力。因此，本节基于撞击特征参数对声发射传感器的综合性能进行评价。从表 3-3 可知，单个或少量撞击参数并不能统一、全面地描述声发射传感器感知信号的能力，参数值之间的差异影响了评价结果的可靠性。如果考虑所有撞击参数，那么，会增加性能评估的难度和复杂性。因此，需要一个能够评价声发射传感器性能的可靠的综合指标。考虑到声发射信号特征参数众多，且参数之间既不完全独立，又存在一定相关性，因此，通过主成分分析（Principal Component Analysis，PCA）方法来确定声发射信号特征参数的主成分，从而获得声发射传感器的综合性能评价指标。

由于声发射信号特征参数具有不同的量纲，且其数值差异较大，本节采用相关矩阵法进行主成分分析。具体步骤如下：首先，对撞击参数进行标准化处理，避免量纲对主成分分析结果的影响；其次，计算相关系数矩阵的特征值和相应的特征向量；再次，根据累积方差贡献率选择主成分个数；最后，根据确定的主成分对声发射传感器的性能进行评价。根据撞击参数得到相关矩阵的特征值，相应的特征值碎石图如图 3-17 所示。前两个特征值大于或等于 1,其前两个主成分对应于传感器之间差异的 80%。因此,推导出前两个主成分(Principal Component Factor,PCF)PCF_1 和 PCF_2,如公式(3-36)所示。根据各撞击参数系数的绝对值,PCF_1 主要反映声发射信号的强度,PCF_2 主要反映声发射信号的活跃程度。根据方差贡献率得到声发射传感器的综合性能评价指标(Comprehensive Performance Evaluation Index,CPEI),如公式(3-37)所示。这样将两个主成分结合起来对声发射传感器的分析会更加全面。

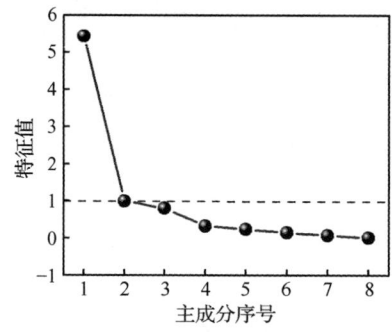

图 3-17 特征值碎石图

$$PCF_1 = 0.39\tilde{x}_1 - 0.22\tilde{x}_2 + 0.39\tilde{x}_3 + 0.41\tilde{x}_4 + 0.40\tilde{x}_5 + 0.20\tilde{x}_6 + 0.34\tilde{x}_7 + 0.40\tilde{x}_8$$
$$PCF_2 = -0.10\tilde{x}_1 + 0.76\tilde{x}_2 + 0.16\tilde{x}_3 + 0.17\tilde{x}_4 + 0.09\tilde{x}_5 + 0.44\tilde{x}_6 - 0.35\tilde{x}_7 + 0.18\tilde{x}_8$$

(3-36)

$$CPEI = 0.68PCF_1 + 0.12PCF_2 \quad (3\text{-}37)$$

式中,$\tilde{x}_i(i=1,2,\cdots,8)$ 是参数的标准化指标。

根据确定的 CPEI,将 6 组标准化指标代入进行计算,得到声发射传感器的得分,如图 3-18 所示。在每组实验中,具有相同厚度匹配层的声发射传感器的分数基本相同,分数随着匹配层厚度的增加而降低。由此可见,声发射传感器的性能随着匹配层厚度的增加而降低,验证了匹配层数学模型的准确性。参考传感器的性能介于传感器 1 和传感器 2 之间,这表明,与参考传感器相比,自行研制的传感器综合性能有所提高。基于上述分析,对声发射传感器的结构和工业应用场景进行了考虑:较薄的匹配层通常在实现所需结构强度的同时更有效地改善了传感器的性能。

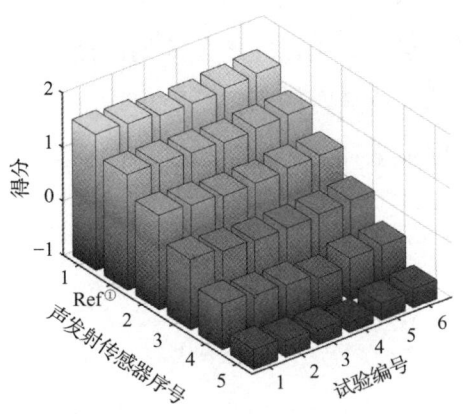

图 3-18 声发射传感器得分图

3.4.3 轴承损伤的声发射响应实验研究

选择匹配层厚度为 1mm 的声发射传感器进行性能测试。为了测试声发射传感器的损伤感知能力并验证其性能一致性,在不含噪声干扰的实验室环境中基于声发射信号检测轴承损伤。滚动实验台包括一个电机、一个带有两个转子盘的轴和两个滚珠轴承(型号为 SKF-6004-2RSH)等,如图 3-19(a)所示。自行研制的声发射传感器和参考声发射传感器分别安装在轴承座上,损坏的轴承安装在左端轴承座上,无损轴承安装在右端轴承座上,经过几组测试后改变传感器位置。采用线切割制作轴承外圈故障,图 3-19(b)中显示了不同损伤宽度 L 的轴承。依次布置自行研制的声发射传感器和参考声发射传感器,进行数据采集。声发射硬件传感器参数设置如表 3-2 所示。

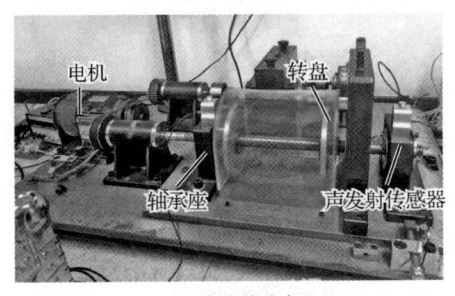

(a)滚动试验台

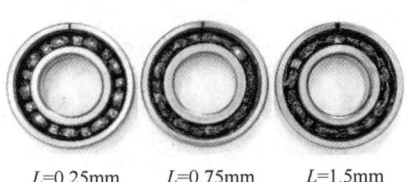

$L=0.25$mm $L=0.75$mm $L=1.5$mm

(b)不同损伤宽度的轴承

图 3-19 实验装置

---

① Ref 指参考传感器。

轴承旋转时，进出缺陷的滚子之间产生周期性的高频冲击声发射信号。缺陷宽度可以通过波形中的脉冲持续时间来评估。声发射传感器的性能决定了波形的准确性，通过分析原始波形来评估声发射传感器的损伤感知能力和性能一致性会更加可靠。

滚子通过破损部位的时间间隔 Δt 为

$$\Delta t = w/v_{or} \qquad (3\text{-}38)$$

式中，w 为损坏部位的宽度，v_{or} 为滚动体与外圈的相对速度。

由于 $v_{or} = \pi D_o f_c$，缺陷宽度 w 可以由式（3-39）确定。

$$w = \pi D_o f_c \Delta t \qquad (3\text{-}39)$$

式中，D_o 为轴承外圈的直径，f_c 为保持架的旋转频率。

由公式（3-39）可知，当轴承转速为 800 RPM[①]时，缺陷宽度 L 为 0.25mm、0.75mm、1.5mm 对应的持续时间分别为 0.36ms、1.10ms、2.15ms。根据采集的原始波形，自行研制的声发射传感器和参考声发射传感器的分析结果分别如图 3-20 和图 3-21 所示，图中的实线表示阈值（来自 AE win 软件）。脉冲信号的周期性明显，其中，脉冲时间决定故障尺寸，脉冲间隔决定故障特征频率。随着缺陷宽度的增大，冲击信号的整体幅值不断增大，脉冲持续时间不断增大。当缺陷宽度较小时，由于冲击信号持续时间和信号衰减时间几乎相等，自行研制的传感器和参考传感器的损伤尺寸评估结果误差均较大。然而，这并不影响声发射传感器感知损伤信号的正确性。随着缺陷宽度的增大，传感器评价结果的误差逐渐减小。当 $L = 1.5\text{mm}$ 时，传感器的测量误差小于 2.4%。

随后，进一步测试了声发射传感器在复杂噪声环境下的损伤感知能力和适应性，并将其应用于高速列车轴承的声发射损伤诊断实验。高速列车系统集成国家工程实验室设计建造了专用电气多机组实验平台，实验装置示意图如图 3-22 所示。高速列车滚动实验平台包括横向牵引系统、纵向牵引系统、液压系统、电机和其他部件。配重可防止转向架上下移动，横向牵引系统和纵向牵引系统可帮助

---

① RPM 是 Revolutions Per Minute 的缩写，意为每分钟转数。

第3章 轴承损伤响应声发射传感技术

转向架在轮对旋转过程中保持其位置。液压系统将采集的路谱冲击数据应用于高速列车的实际运行线上，使实验环境与实际运行环境接近。车轮由电机驱动，最大线速度可达 350km/h。实验过程中，在轴箱顶部安装自行研制的声发射传感器和参考声发射传感器，分别在转速为 617 RPM、1234 RPM、1851 RPM（即 100km/h、200km/h、300km/h）时采集轴承损伤的声发射信号。图 3-22（c）展示了轴承缺陷，缺陷的尺寸为 31.9mm×15.4mm×0.23mm。上述 3 种速度下的理论通过时间分别为 4.7ms、2.4ms 和 1.6ms。声发射硬件传感器参数设置如表 3-2 所示。

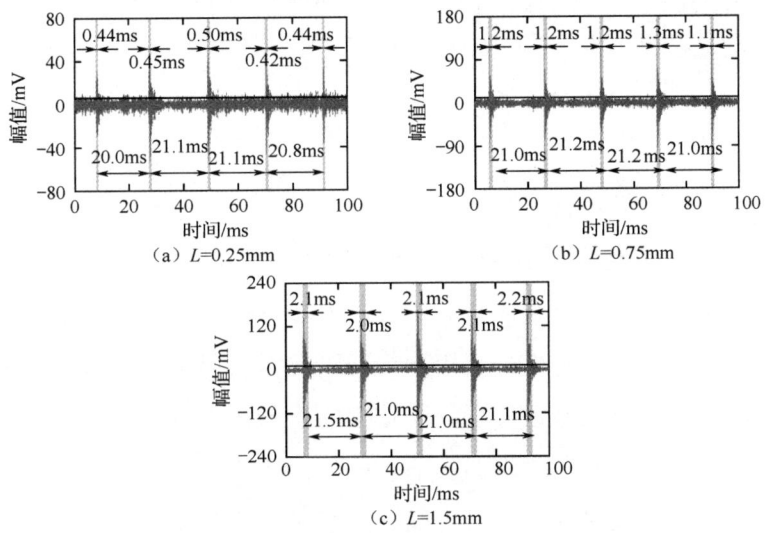

图 3-20 自行研制的声发射传感器的波形分析结果

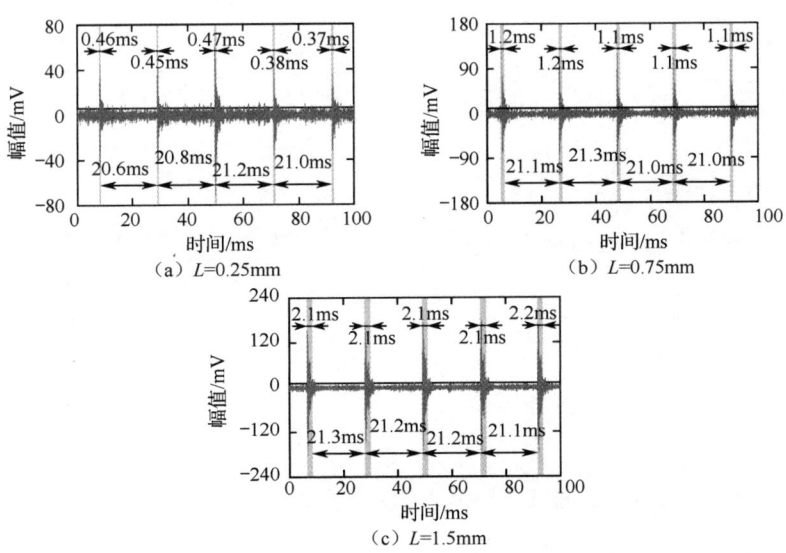

图 3-21 参考声发射传感器的波形分析结果

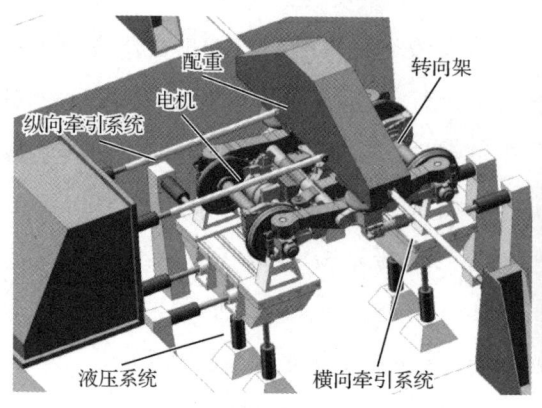

(a) 高速列车滚动试验台　　(b) 传感器安装位置　　(c) 轴承缺陷

图 3-22　实验装置示意图

自行研制的声发射传感器和参考声发射传感器的波形分析结果分别如图 3-23 和图 3-24 所示，黑色直线表示阈值。两种传感器均能准确感知不同转速下的轴承故障声发射信号，且噪声等级明显高于实验室环境。在相同速度下，利用脉冲持续时间可以确定轴承缺陷宽度，利用脉冲间隔可以获得轴承故障的特征频率。在不同速度下，计算结果在接近实际缺陷宽度的小范围内波动，这主要是由于受到信号耦合、速度波动和滚轮滑动的影响。此外，随着运行速度的增加，信号幅值和噪声等级都增大，故障冲击信号的脉冲持续时间和时间间隔减小，从而使一部分脉冲淹没在噪声中。因此，缺陷尺寸评估结果的误差增大。自行研制的声发射传感器在 100km/h、200km/h 和 300km/h 下的相应误差分别为 6.4%、8.3% 和 12.5%，与参考声发射传感器的误差完全一致。

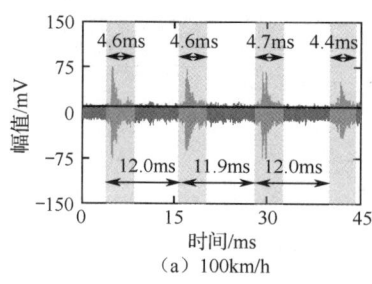
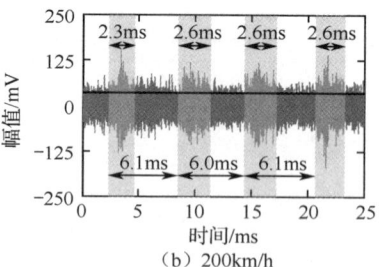

(a) 100km/h　　　　　　　　(b) 200km/h

图 3-23　自行研制声的发射传感器的波形分析结果

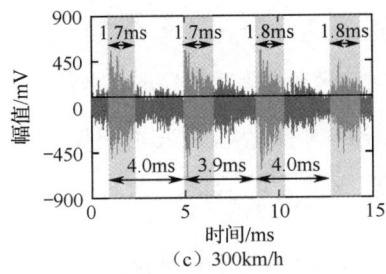

图 3-23 自行研制的声发射传感器的波形分析结果（续）

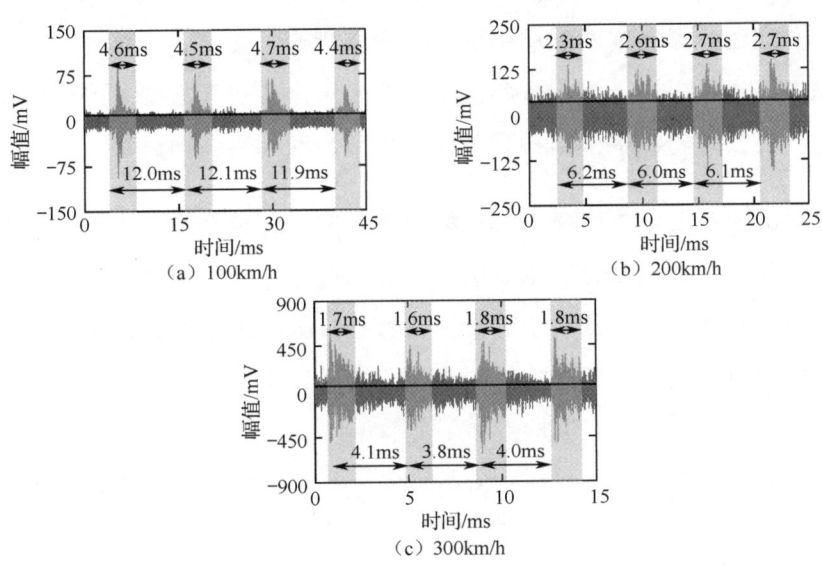

图 3-24 参考声发射传感器的波形分析结果

通过上述对比可以看出，在不同噪声等级的干扰下，本章中所设计的声发射传感器均能有效且准确地识别轴承故障，判别轴承损伤类型及宽度，这不仅进一步验证了传感器设计的正确性和可靠性，而且表明自行研制的声发射传感器可以应用于高速列车轴承损伤声发射状态监测中，为高速列车的安全运行提供保障。

3.5 小结

目前，声发射传感器尚未建立完整的理论模型，尤其在匹配层设计方面缺乏对声波衰减的考虑，为了解决这些问题，本章提出了一种压电式声发射传感器设计及建模方法，不仅基于匹配层数学模型分析了声波衰减对声强透射系数的影响，得到了衰减系数与匹配层最佳厚度之间的关系模型，而且建立的有限元模型有效解决了声发射传感器多物理场耦合导致的复杂分析问题。

声发射传感器的性能主要由压电陶瓷决定，为此，基于微凸体粗糙接触模型，本章建立了压电陶瓷尺寸参数模型，结果表明，粗糙度只会影响压电陶瓷的平均激励幅值，并不影响其变化趋势。在此基础上，WR 可作为压电陶瓷尺寸参数选择准则，并通过重点研究匹配层中的声波衰减规律，建立了声强透射系数与匹配层衰减系数的模型，进一步丰富和改进了匹配层厚度设计方法。当匹配层厚度小于四分之一波长时，在保证结构强度的前提下，匹配层越薄越好。

本章提出的有限元数值模拟方法能解决声发射传感器内部多物理场耦合导致的复杂分析问题，且建模分析结果准确，能为改进声发射传感器设计提供新的数值研究方向。此外，本章建立了基于撞击特征参数的声发射传感器综合性能评价指标，可实现对声发射传感器性能的全面分析及评价。

第4章 基于轴承损伤状态动态门槛机理的指纹特征方法

4.1 引言

声发射技术已成为一种很有前景的轴承损伤检测诊断工具。然而，传统的基于声发射撞击的时域特征提取缺乏对与损伤相关的周期性的充分考虑。为了解决这一问题，本章以轴承外圈为例，研究轴承周期性声发射撞击行为，建立了一种状态监测方法——指纹特征（FPF）监测方法，为轴承故障检测提供了一种可视化模式，并具有跟踪轴承状态的能力。由于动态阈值对 FPF 的形成至关重要，本章详细研究了动态阈值机制，定义了阈值系数，得到了自适应动态阈值，实现了对声发射撞击的即时提取。研究提出的分布式聚合指标不仅可以优化阈值系数，而且可以帮助评估轴承的损伤状态。在此基础上，将单位时间内的撞击统计量与故障特征频率相关联，提出了指纹故障谱（Fingerprint Fault Spectrum，FFS）。此外，本章通过 Hilbert 包络解调验证了所提方法的有效性，并利用运行在接近实际工况下的滚动轴承和高速列车轴承的实验平台数据验证了所提方法的效果和实用性。该研究为工业环境中轴承在线状态监测的发展提供了有价值的见解。

4.2 轴承损伤的声发射指纹特征概念

4.2.1 声发射撞击特征参数

声发射信号包括突发信号和连续信号，其中，轴承的声发射信号为突发信号。

图 4-1 为典型的突发声发射信号,称为单次撞击,其主要特征参数如表 4-1 所示。声发射技术是基于撞击特征的,用于计算声发射信号撞击次数的阈值是其重要参数之一。此外,定时参数的设置有助于准确提取声发射撞击,参数包括峰值定义时间(PDT)、撞击定义时间(HDT)和撞击锁定时间(HLT)。适当的 PDT 设置可确保正确识别上升时间和信号峰值。适当的 HDT 可确保来自被测试结构的每一个声发射信号都被报告为一次撞击。HLT 可用于减少信号衰减过程中的杂散测量,提高数据采集效率。在本章中,PDT、HDT 和 HLT 分别设置为 300μs、600μs 和 1000μs。

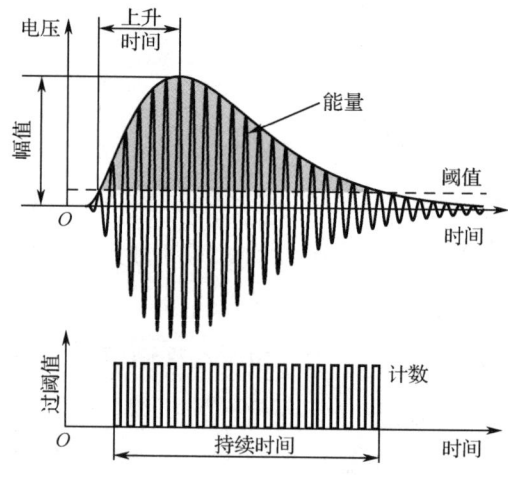

图 4-1 典型的突发声发射信号

表 4-1 声发射撞击主要特征参数

撞击参数	定义
振幅	声发射撞击波形的最大峰值
持续时间	信号首次越过阈值 t_1 和最终低于阈值 t_2 之间的时间间隔,持续时间为 t_2-t_1
能量	整流电压信号在声发射持续时间内的积分,计算如下:能量=$\int_{t_1}^{t_2} V(t) \mathrm{d}t$
阈值	控制撞击提取的重要参数
计数	声发射信号超过阈值的偏移次数,计数=计数[x_i > 阈值]

4.2.2 基于撞击特征的指纹特征

图 4-2 展示了原始波形、时间间隔和阈值线(灰色虚线),其中,相邻撞击间

第4章 基于轴承损伤状态动态门槛机理的指纹特征方法

跨越阈值的间隔被定义为时间间隔。在图 4-2（a）中，原始波形相邻撞击的时间间隔相等；在图 4-2（b）中，时间间隔随时间几乎呈直线变化，纵坐标的倒数为故障特征频率（Fault Characteristic Frequency，FCF）。相比之下，当阈值增加时，相邻撞击的时间间隔可能会因运行过程中轴承的轻微故障或滑移而不均匀，如图 4-2（c）所示；但是，时间间隔之间存在近似的多重关系，使得时间间隔呈现分层现象，如图 4-2（d）所示。因此，将第一层定义为故障层，其余层定义为故障倍数层。进一步增大阈值，如图 4-2（e）所示，只能提取到零星的散点，因此，FCF 在图 4-2（f）中并不明显。在类似的情况下，如图 4-2（g）和图 4-2（h）所示，无故障轴承对应的时间间隔也是零星分散的。相反，如果阈值低于与故障无关的干扰信号，则会提取多个与故障无关的时间间隔，如图 4-2（i）所示；此时，时间间隔变为一条直线，且纵坐标为零，不能反映 FCF，如图 4-2（j）所示。图 4-2（k）为加速过程，随着撞击幅度的增加，阈值不断增加。图 4-2（l）中的时间间隔具有二维点状阶梯分层特征。该特征由于与人的指纹相似，被定义为指纹特征，它不依赖于单个撞击，而是侧重于通过时域上的阈值提取相邻声发射撞击的时间间隔。

轴承故障信号可以看作是由多个相似撞击组成的周期信号，其中，每个撞击本质上都以相同的方式受到系统的影响。因此，随着指纹特征点（FPFP）的增加，单个撞击参数对相邻撞击的时间间隔的影响逐渐减弱。此外，即使单个撞击的幅度受到系统的影响，系统只会影响 FPFP 的数量及其分布，但不会对 FPF 模式产生显著影响。综上所述，基于 FPF 模式的轴承故障诊断受单次撞击参数的影响不显著。此外，FPF 只需要对原始信号进行一次遍历就可以得到 FPFP 的分布，这不仅提高了检测效率，而且保留了原始信号的基本特征。从上述分析可以看出，适当的阈值对 FPF 至关重要。此外，为了更好地获得用于监测轴承状态的 FPF，在随后的研究中，设计并评估了一种可根据轴承运行条件每单位时间连续刷新阈值水平的自适应动态阈值。后续将建立能够描述系统参数与故障信号之间关系的数学模型，以便更好地研究动态阈值机理，为动态阈值的设计提供理论参考。

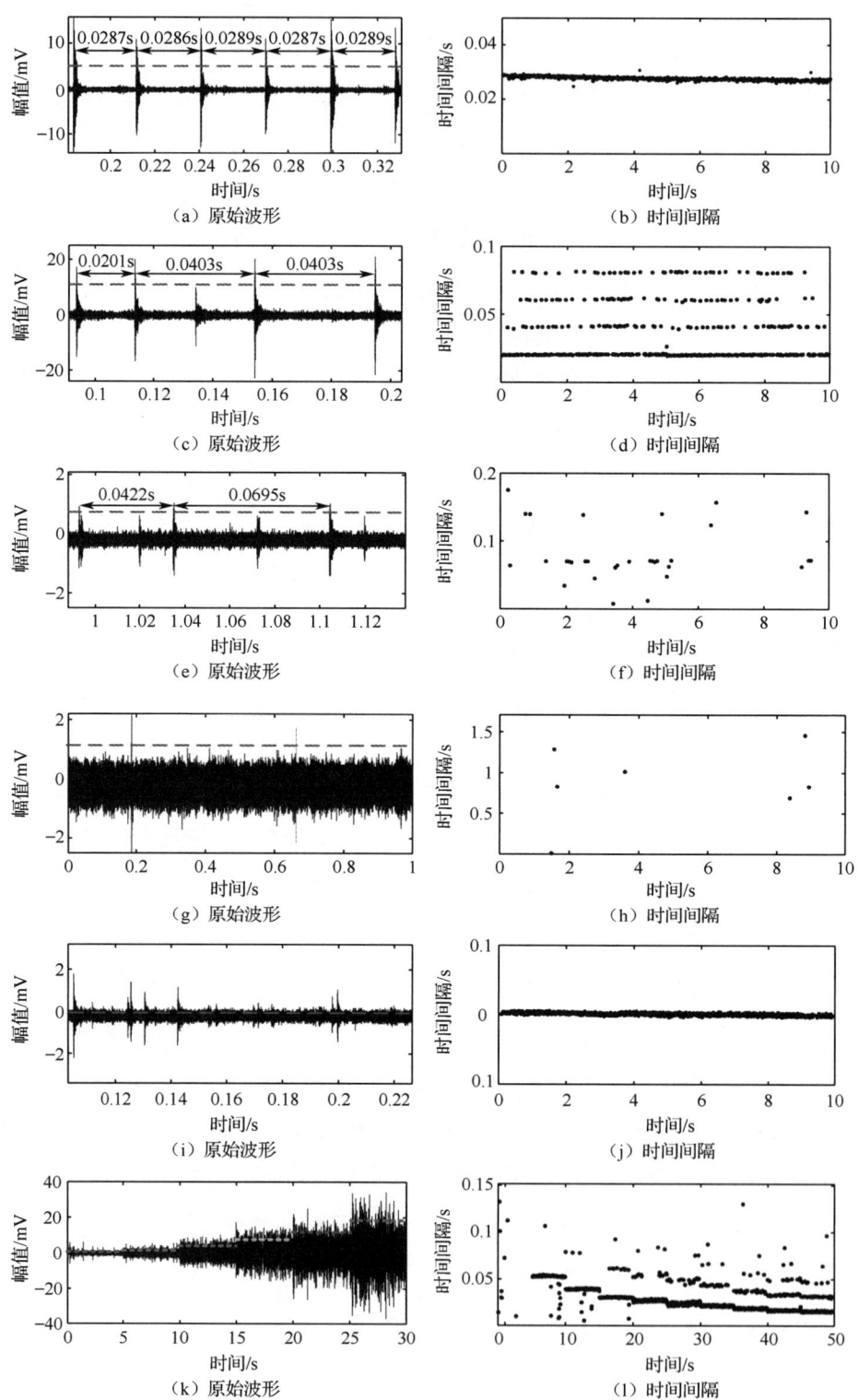

图 4-2 原始波形和时间间隔图

4.3 基于动力学的动态门槛机理

4.3.1 损伤轴承的运动学模型

本节以 6004 深沟球轴承外圈故障为例，基于赫兹接触理论和动量守恒原理，对滚动体与外圈的法向接触力和冲击力进行了研究和预测，旨在为 FPF 方法的动态阈值提供理论支持。为了建立轴承的动态模型，做出以下假设：

（1）轴承运行时滚动体只滚动，不滑动。

（2）接触研究满足赫兹接触理论。

（3）滚轮通过缺陷区域时不与底部接触。

（4）轴承缺陷是理想的矩形缺口。

Sawalhi 和 Randall 指出，在损坏的轴承中，信号在滚动体进入缺陷入口时表现为低频分量，在滚动体向缺陷中间移动并撞击右边缘时表现为高频分量。因此，当轴承缺陷尺寸满足公式（4-1）的非触底条件时，滚动体进入缺陷然后退出缺陷的运动过程可描述为图 4-3（a）：滚动体从 O_1 位置进入缺陷，直到质心 O_2 与缺陷中点重合时，撞击到缺陷右边缘产生冲击，信号幅值突然增大到峰值，在此过程中，附加位移 δ_d 从 0 增大到最大值。O_2 到 O_3 为滚动体退出缺陷的过程，信号幅值逐渐减小，附加位移由最大值向零移动，此过程产生的信号如图 4-3（b）所示，其中，A 点为入射点，B 点为冲击峰值点。图 4-3（c）显示了滚动体—外圈接触的几何关系。

$$r_b - \sqrt{r_b^2 - \left(\frac{L}{2}\right)^2} < H \tag{4-1}$$

式中，r_b 为滚动体半径，L 为损伤宽度，H 为损伤深度。图 4-3（a）展示了缺陷引起的滚动体最大附加位移 $\delta_{d_{max}}$，用粗实线 EF 表示。

$$\delta_{d_{\max}} = r_b - \sqrt{r_b^2 - \left(\frac{L}{2}\right)^2} - r_o(1-\cos\varphi_d) \tag{4-2}$$

式中，φ_d 为缺陷宽度 L 的一半所对应的角度。

当滚动体落入缺陷区域时，附加位移 δ_d 近似符合弦线曲线，可表示为

$$\delta_d = \begin{cases} 0 & 0 \leq \mathrm{mod}(\varphi_j, 2\pi)[\mathrm{mod}(\varphi_{\mathrm{spall}}, 2\pi) - \varphi_d] \\ \delta_{d_{\max}} \cos\left\{\dfrac{\pi[\mathrm{mod}(\varphi_j, 2\pi) - \mathrm{mod}(\varphi_{\mathrm{spall}}, 2\pi)]}{2\varphi_d}\right\} & \\ & \mathrm{mod}(\varphi_{\mathrm{spall}}, 2\pi) - \varphi_d \leq \mathrm{mod}(\varphi_j, 2\pi) \leq \mathrm{mod}(\varphi_{\mathrm{spall}}, 2\pi) + \varphi_d \\ 0 & \mathrm{mod}(\varphi_{\mathrm{spall}}, 2\pi) + \varphi_d < \mathrm{mod}(\varphi_j, 2\pi) \leq 2\pi \end{cases} \tag{4-3}$$

式中，φ_j 为第 j 个滚动体中心的角位置，φ_{spall} 为缺陷中心对应的角位置。

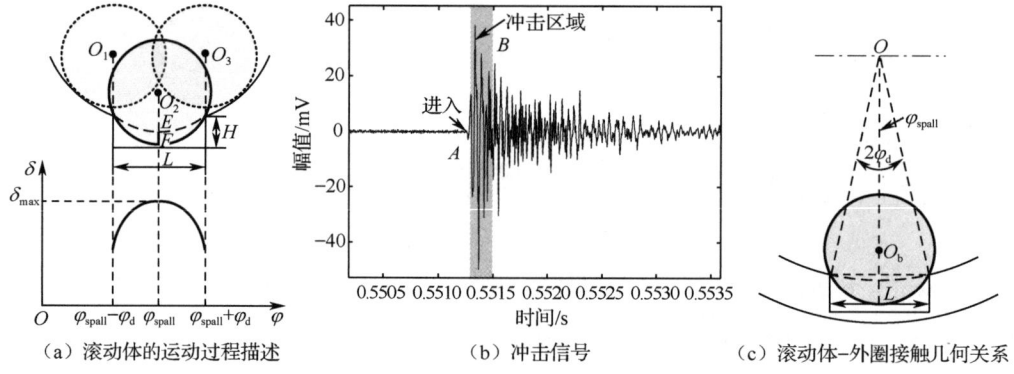

图 4-3 滚动体损伤动力行为

4.3.2 轴承损伤接触模型与冲击力分析

如图 4-4（a）所示，无故障轴承在承受静载荷 Q_r 的条件下，滚动体在承载区域（$2\psi_{\mathrm{load}}$ 载荷下）被压缩并在内外圈之间反弹。滚动体形变产生的力 F_c 可由赫兹接触理论表示为

$$F_c = K\delta^n \lambda_j \\ \lambda_j = \begin{cases} 0, & \delta \leq 0 \\ 1, & \delta > 0 \end{cases} \tag{4-4}$$

式中，K 表示滚动体与外圈之间的接触刚度；δ 表示接触变形；对于球滚动体轴

第4章 基于轴承损伤状态动态门槛机理的指纹特征方法

承，$n = 1.5$。

以 x 轴正方向作为角度的初始方向，定义 $\varphi_0 = 0$，则第 j 个滚动体在运行时任意时刻的角度位置 φ_j 可表示为

$$\varphi_j(t) = \frac{2\pi(j-1)}{Z} + \omega_b t + \varphi_0 \tag{4-5}$$

式中，ω_b 为滚动体角速度，Z 为滚动体个数，j 为滚动体序号。在这种情况下，作用在滚动体上任意角度位置的静载荷 Q_φ 为

$$Q_\varphi = Q_{\max}\left[1 - \frac{1}{2\varepsilon}(1 - \cos\varphi)\right]^n \tag{4-6}$$

式中，ε 为载荷分配系数，$\varepsilon = 0.5$。

作用在负载范围内所有滚轮上力的总和为

$$Q_r = \sum_{-\psi_{\text{load}}}^{\psi_{\text{load}}} Q_\varphi \cos\varphi \cos\alpha = Q_{\max}\cos\alpha \sum_{-\psi_{\text{load}}}^{\psi_{\text{load}}}\left[1 - \frac{1}{2\varepsilon}(1 - \cos\varphi)\right]^n \cos\varphi \tag{4-7}$$

式中，$Q_{\max}$ 为滚动体能最大载荷；ψ_{load} 为最大加载区域，如图 4-4 所示；α 为轴承接触角；ε 为载荷分配系数，$\varepsilon = 0.5$。

因此，滚动体质心角位置处的变形为

$$\delta_\varphi = \delta_{\max}\left[1 - \frac{1}{2\varepsilon}(1 - \cos\varphi)\right] \tag{4-8}$$

当轴承静止时，接触力 F_N 可表示为

$$F_N = K\delta_\varphi^n \tag{4-9}$$

轴承运行时，滚动体受力分析如图 4-4（b）所示，可表示为

$$F_{\text{No}j}(t) - F_{\text{N}ij}(t) \times \cos[\varphi_{oj}(t) - \varphi_{ij}(t)] - m_b g\cos\rho(t) = m_b \frac{v_b^2}{[r_o - r_b + \delta_o(t)]} \tag{4-10}$$

式中，下角标 i 和 o 分别表示内圈和外圈，m_b 和 v_b 分别表示滚动体的质量和运行速度，$\delta_o(t)$ 为滚动体与外圈接触处的变形量。

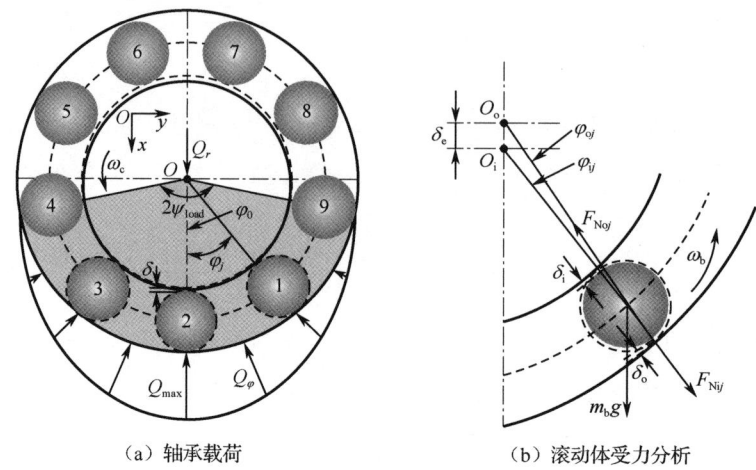

(a)轴承载荷　　　　　(b)滚动体受力分析

图 4-4　轴承载荷图和滚动体受力分析

对于无故障轴承，滚动体与外圈之间的接触应力可表示为

$$F_c = F_{Noj}(t) = \begin{cases} F_{Nij}(t) \times \cos[\varphi_{oj}(t) - \varphi_{ij}(t)] + m_b g\cos\varphi(t) + m_b \dfrac{v_b^2}{[r_o - r_b + \delta_o(t)]}, & \varphi \in 2\psi_{load} \\ 0, & \varphi \notin 2\psi_{load} \end{cases}$$

(4-11)

为了研究冲击力，假设滚动体进出缺陷的整个过程不受静载荷的影响。因此，从第 4.3.1 节中对滚动体运动的描述来看，缺陷中的滚动体运动可以分为 3 个过程。图 4-5（a）描绘了过程Ⅰ：滚动体开始落在缺陷的左边缘的初始位置；图 4-5（b）所示描绘了过程Ⅱ：到滚动体即将碰到右边缘；图 4-5（c）描绘了过程Ⅲ：滚动体以最大压缩位移 x_{max} 撞击缺陷的右边缘作为结束位置。

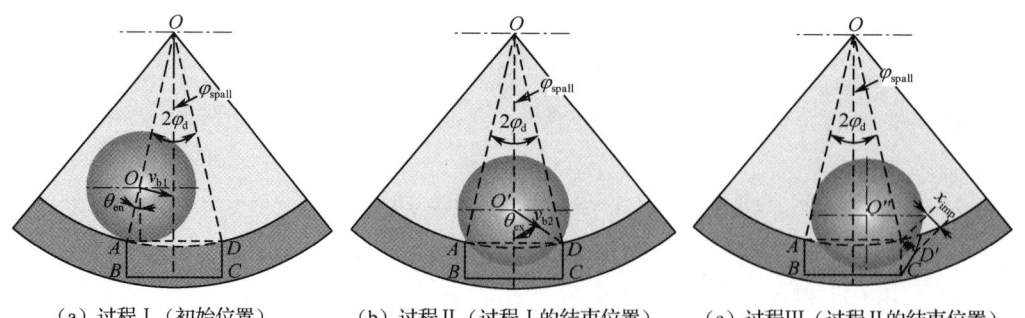

(a)过程Ⅰ（初始位置）　　(b)过程Ⅱ（过程Ⅰ的结束位置）　　(c)过程Ⅲ（过程Ⅱ的结束位置）

图 4-5　滚动体运动示意图

第4章 基于轴承损伤状态动态门槛机理的指纹特征方法

初始位置处的初始机械能 E_{I} 和结束时的结束机械能 E_{II} 为

$$E_{\mathrm{I}} = T_{\mathrm{I}} + V_{\mathrm{hI}} + V_{\mathrm{sI}} = \frac{1}{2}m_{\mathrm{b}}v_{\mathrm{bI}}^2 + \frac{1}{2}I_{\mathrm{bI}}\omega_{\mathrm{bI}}^2 + m_{\mathrm{b}}gr_{\mathrm{b}}\cos\theta_{\mathrm{en}} + \int_0^{\delta_{\mathrm{I}}} K_{\mathrm{eI}}\delta^{1.5}\mathrm{d}\delta \tag{4-12}$$

$$E_{\mathrm{II}} = T_{\mathrm{II}} + V_{\mathrm{hII}} = \frac{1}{2}m_{\mathrm{b}}v_{\mathrm{bII}}^2 + \frac{1}{2}I_{\mathrm{bII}}\omega_{\mathrm{bII}}^2 + m_{\mathrm{b}}gr_{\mathrm{b}}\cos\theta_{\mathrm{ex}} \tag{4-13}$$

式中，T 和 V 分别表示动能和势能，g 为重力加速度，$\cos\theta_{\mathrm{en}}$ 和 $\cos\theta_{\mathrm{ex}}$ 分别为过程 I 的入口角和出口角，I_{b} 表示滚动体相对于滚动体中心的惯性矩，K_{eI} 和 δ_{I} 分别表示过程 I 中的接触刚度和接触变形。

过程 I 未考虑外力，因此，机械能守恒 $E_{\mathrm{I}} = E_{\mathrm{II}}$，两个过程的惯性矩可以表示为

$$I_{\mathrm{bII}} = I_{\mathrm{bI}} = 0.4 m_{\mathrm{b}} r_{\mathrm{b}}^2 \tag{4-14}$$

根据式（4-12）～式（4-14），可以获得冲击速度为

$$v_{\mathrm{bII}} = \left[\frac{m_{\mathrm{b}}v_{\mathrm{bI}}^2 r_{\mathrm{b}}^2 + I_{\mathrm{bI}}v_{\mathrm{bI}}^2 + 2m_{\mathrm{b}}gr_{\mathrm{b}}^3\cos\theta_{\mathrm{en}} + 2r_{\mathrm{b}}^2\int_0^{\delta_{\mathrm{I}}} K_{\mathrm{eI}}\delta^{1.5}\mathrm{d}\delta - 2m_{\mathrm{b}}gr_{\mathrm{b}}^3\cos\theta_{\mathrm{ex}}}{m_{\mathrm{b}}r_{\mathrm{b}}^2 + I_{\mathrm{bII}}}\right]^{\frac{1}{2}} \tag{4-15}$$

式中，圆周运动速度 v_{bI} 和角速度 ω_{b} 分别由下式给出。

$$v_{\mathrm{bI}} = \omega_{\mathrm{bI}} r_{\mathrm{o}} \tag{4-16}$$

$$\omega_{\mathrm{b}} = \frac{\omega_{\mathrm{i}}}{2}\left(1 - \frac{d_{\mathrm{b}}}{d_{\mathrm{m}}}\cos\alpha\right) \tag{4-17}$$

$$\omega_{\mathrm{bI}} = \omega_{\mathrm{bII}} = \frac{2v_{\mathrm{bI}}}{d_{\mathrm{b}}} \tag{4-18}$$

式中，r_{o} 是外圈的半径；ω_{i} 是内圈的角速度，$\omega_{\mathrm{i}} = 2\pi n/60$，其中，$n$ 是轴承的转速。

结合式（4-15）～式（4-18），可得

$$v_{\mathrm{bII}} = \left[v_{\mathrm{bI}}^2 + \frac{10}{7}gr_{\mathrm{b}}(\cos\theta_{\mathrm{en}} - \cos\theta_{\mathrm{ex}}) + \frac{10}{7m_{\mathrm{b}}}\int_0^{\delta_{\mathrm{I}}} K_{\mathrm{eI}}\delta^{1.5}\mathrm{d}\delta\right]^{\frac{1}{2}} \tag{4-19}$$

根据过程 I 的定义，入射角 θ_{en} 为

$$\theta_{en} = \arcsin\left(\frac{L}{2r_o}\right) \tag{4-20}$$

出射角 θ_{ex} 可以根据缺陷宽度获得，为

$$\theta_{ex} = \arcsin\left(\frac{L}{2r_b}\right) \tag{4-21}$$

在过程 III 中，滚动体以速度 v_{bII} 撞击缺陷的右边缘。假设压缩时间为 t_{imp}，则冲击力 F_{imp} 为

$$F_{imp} t_{imp} = m_b v_{bII} \tag{4-22}$$

在过程 III 中，对缺陷右边缘的冲击可以等效于刚度为 K_{eII} 的弹簧的压缩。也就是说，在 D 点被压缩到 D' 点的过程中，压缩时间 t 满足以下非线性微分方程：

$$\frac{d^2 x}{dt^2} + \frac{K_{eII}}{m_b} x^n \cdot \text{sign}(x) = 0 \tag{4-23}$$

式中，$n = 1.5$，x 为滚动体中心的位移，$\text{sign}(\ )$ 表示符号函数。

由于位移足够小，冲击时间和位移可以近似为线性变化，因此，线性微分方程 $\frac{d^2 x}{dt^2} + \frac{K_{eII}}{m_b} x = 0$ 的通解为

$$x(t) = v_{bII} \sqrt{\frac{m_b}{K_{eII}}} \sin\left(\sqrt{\frac{K_{eII}}{m_b}} t\right) \tag{4-24}$$

因此，冲击时间是谐振周期的四分之一，为

$$\frac{\pi}{4} t_{imp} = \frac{\pi}{2} \bigg/ \sqrt{\frac{K_{eII}}{m_b}} \tag{4-25}$$

式中，K_{eII} 为右边缘缺陷的等效刚度。

根据相应的参考文献，无损区域的轴承接触刚度可计算为

第4章 基于轴承损伤状态动态门槛机理的指纹特征方法

$$K_{\mathrm{o}} = \frac{4}{3} E^* R^{\frac{1}{2}} \tag{4-26}$$

$$E^* = \frac{E_1 E_2}{E_2(1-\mu_1^2) + E_1(1-\mu_2^2)} \tag{4-27}$$

$$R = \frac{R_1 R_2}{R_1 + R_2} \tag{4-28}$$

式中，E_1 和 E_2 为弹性模量，$E_1 = E_2 = 200 \text{GPa}$；$E^*$ 为等效弹性模量；泊松比 $\mu_1 = \mu_2 = 0.3$；R_1 和 R_2 分别为外圈和滚动体的半径。

然而，当轴承损坏时，其接触刚度会减弱。有学者建议，应在存在缺陷的1/4圆区域内校正接触刚度。接触刚度修正区域如图4-6（a）所示，当滚动体运行到 $\beta_{\mathrm{en}} - \beta_{\mathrm{zn}} < \beta < \beta_{\mathrm{en}}$ 的范围时，其与外圈之间的接触刚度校正曲线如图4-6（b）所示。每条曲线代表不同的缺陷形状，校正后获得的新的等效接触刚度 K_{eI} 可以表示为

$$K_{\mathrm{eI}} = K_{\mathrm{o}} \left\{ 1 - \xi \left[1 + \left(\frac{\beta - \beta_{\mathrm{en}}}{\beta_{\mathrm{zn}}} \right) \right]^S \right\} \tag{4-29}$$

式中，S 为形状因子。

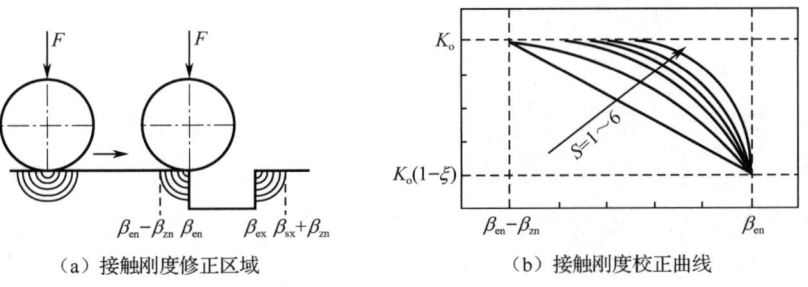

（a）接触刚度修正区域　　　　（b）接触刚度校正曲线

图4-6　接触刚度修正区域和接触刚度校正曲线

当滚动体开始从右边缘缺陷中退出时，即 $\beta_{\mathrm{ex}} < \beta < \beta_{\mathrm{ex}} + \beta_{\mathrm{zn}}$，修正后的接触刚度 K_{eII} 可以表示为

$$K_{\mathrm{eII}} = K_{\mathrm{o}} \left\{ 1 - \xi \left[1 + \left(\frac{\beta_{\mathrm{ex}} - \beta}{\beta_{\mathrm{zn}}} \right) \right]^S \right\} \tag{4-30}$$

当滚动体在 $\beta_{en} < \beta < \beta_{ex}$（缺陷区域）的范围内时，$K_e$ 可以被认为是一个常数，为

$$K_e = K_o(1-\xi) \tag{4-31}$$

式中，ξ 是折减系数，即在 β_{zn} 范围内的载荷-变形接触的折减率。原则上，应取 $\xi > 50\%$。

由式（4-19）、式（4-22）和式（4-25）可得到冲击力的表达式为

$$F_{imp} = \frac{m_b\left(v_{bI}^2 + \frac{10}{7}gr_b\cos\theta_{en} + \frac{10}{7m_b}\int_0^{\delta_1} K_{eI}\delta^{1.5}d\delta - \frac{10}{7}gr_b\cos\theta_{ex}\right)^{\frac{1}{2}}}{\frac{\pi}{2}\sqrt{\frac{K_{eII}}{m_b}}} \tag{4-32}$$

综上所述，在滚动体的圆周运动期间，作用在外圈上的合力可以表示为

$$F = \begin{cases} F_{imp}, & \varphi = \varphi_d \\ F_c, & \text{其他情况} \end{cases} \tag{4-33}$$

4.3.3 动态阈值特征模型

根据上述研究，式（4-33）中故障区域的冲击力 F_{imp} 和非故障区域的接触力 F_c 分别表示声发射时域信号的冲击和噪声。尽管很难确定信号源的真实大小，但传感器的位置在实验过程中没有变化，信号衰减率保持一致。因此，在没有外部干扰的情况下，基于等效幅度的思想，将 F_{imp} 定义为故障撞击的等效幅度，而将 F_{imp} 以外的其他力定义为非故障撞击的等价幅度。考虑到在加载区域中获得的最大撞击幅度是故障撞击和非故障撞击的总和，为了设置比非故障撞击信号更高的阈值水平，阈值系数（Rt）被定义为非故障撞击最大幅度与故障撞击和非故障撞击幅度之和的比，之后使用 Rt 获得阈值水平。在没有任何外部干扰的理论模型中，非断层撞击的幅度相当于加载区域内接触力的总和。因此，Rt 可以如式（4-34）中定义，为

$$Rt = \frac{\max\left(\sum_{j=1}^{k_i} F_{cj}\right)}{\max\left(F_{imp} + \sum_{j=1}^{k_i} F_{cj}\right)} \tag{4-34}$$

式中，k_i 是与外圈接触的滚动体总数，F_c 是加载区域内滚动体与外圈之间的接触力，$\sum F_{cj}$ 是非故障撞击的等效大小。

根据以上分析，如果单位时间的声发射故障撞击幅度为 A_{hit}，则临界动态阈值水平 L_{CDT} 可表示为式（4-35）。为了屏蔽其他与故障无关的信号，从而保证实验信号处理的可靠性，测试中的动态阈值应大于临界动态阈值，即动态阈值大于 L_{CDT}。

$$L_{CDT} = Rt \times A_{hit} \tag{4-35}$$

式中，A_{hit} 表示断层撞击的振幅，可以是几个撞击振幅的平均值。

FPF 方法是一种基于声发射撞击的动态监测方法。对于轴承，无论部件（外圈、内圈或滚动体）如何，不同位置的损坏都会产生周期性的声发射冲击，这是形成 FPF 的必要条件。因此，上述动态阈值机制可以扩展到轴承的内圈或滚动体。然而，内圈或滚动体的失效机制在运动关系和相应的阈值水平方面与外圈的失效机制存在一些差异。这主要表现在外圈是固定的，内圈和滚动体绕轴旋转，从而导致了它们在建模上的特殊性。对于内圈，缺陷位置将随着内圈旋转，滚动体与内圈损坏区域之间的接触不一定发生在负载区域。在这种情况下，不存在产生断层撞击的理论条件；即使在承载区，接触力或冲击力的大小也会相对于载荷区的位置发生变化。因此，详细分析滚动体与内圈在不同运动阶段的相对角位置，以及它们相对于载荷区域的角位置，对于建立二者之间的运动关系至关重要。此外，对于滚动体，当滚动体缺陷位于轴承负载区域时，缺陷与内圈或外圈保持周期性接触，类似于内圈故障的建模，对这种接触关系的分段研究是对滚动体故障建模的关键。

4.4 动态门槛机理实验研究与验证

图 4-7（a）为实验平台，该实验平台包括一个电机、一个带两个转子盘的轴

和两个滚珠轴承（轴承型号为 SKF-6004-2RSH）。损坏的轴承安装在轴承座的 A 端，而完好的轴承则安装在轴承座的 B 端。在实验中，轴承损伤是由金属丝切割引起的，图 4-7（b）为不同损伤宽度的故障轴承。声发射系统用于实验数据采集，包括 PAC Express 8 和声发射传感器（由 Physical Acoustics Corporation 制造）；采样频率为 1MHz，使用数字转速表测量速度。表 4-2 为轴承尺寸参数。图 4-8 为轴承尺寸参数。

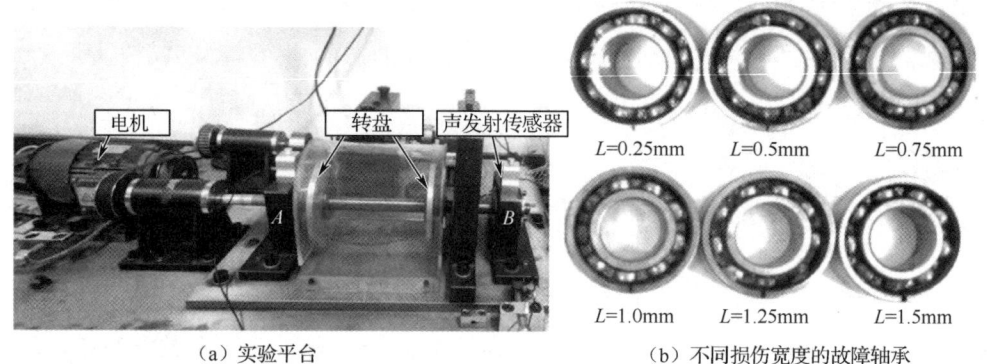

(a) 实验平台　　　　　　　　(b) 不同损伤宽度的故障轴承

图 4-7　实验平台与故障轴承

表 4-2　轴承尺寸参数

参　数	数　值	参　数	数　值
内圈直径 D_i	20mm	外圈半径 r_o	18.7mm
外径 D_o	42mm	接触角 α	0°
节径 D_m	31mm	滚动体数量 Z	9
滚动体直径 d	6.35mm	滚动质量 m	4.4g

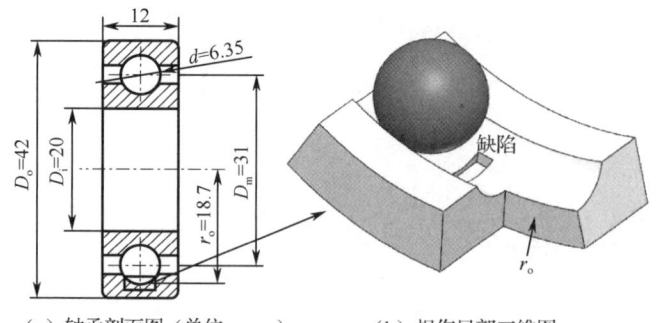

(a) 轴承剖面图（单位：mm）　　(b) 损伤局部三维图

图 4-8　轴承尺寸参数

第4章 基于轴承损伤状态动态门槛机理的指纹特征方法

为了验证动态模型的加权冲击力和接触力,测试了图4-7(b)中所示的6种不同损伤宽度的故障轴承。测试所得幅值为每个轴承的前4个实验信号的平均值,以避免实验结果受到意外影响。具有不同损伤宽度的故障轴承的实验幅值如图4-9所示。实验结果表明,在相同的转速下,信号幅值随着损伤宽度的增加而增加;对于损伤宽度相同的轴承,信号幅值随转速线性增加。图4-10为理论冲击力和接触力的加权幅值与实验信号的最大幅值的比较结果,其中,两条归一化曲线基本一致。造成两条曲线之间的微小偏差的主要原因是实验不确定性的影响。因此,实验结果证明了理论推导在允许误差范围内的正确性和合理性。

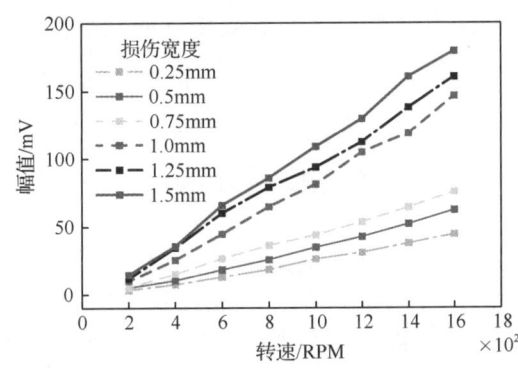

图4-9 具有不同损伤宽度的故障轴承的实验幅值

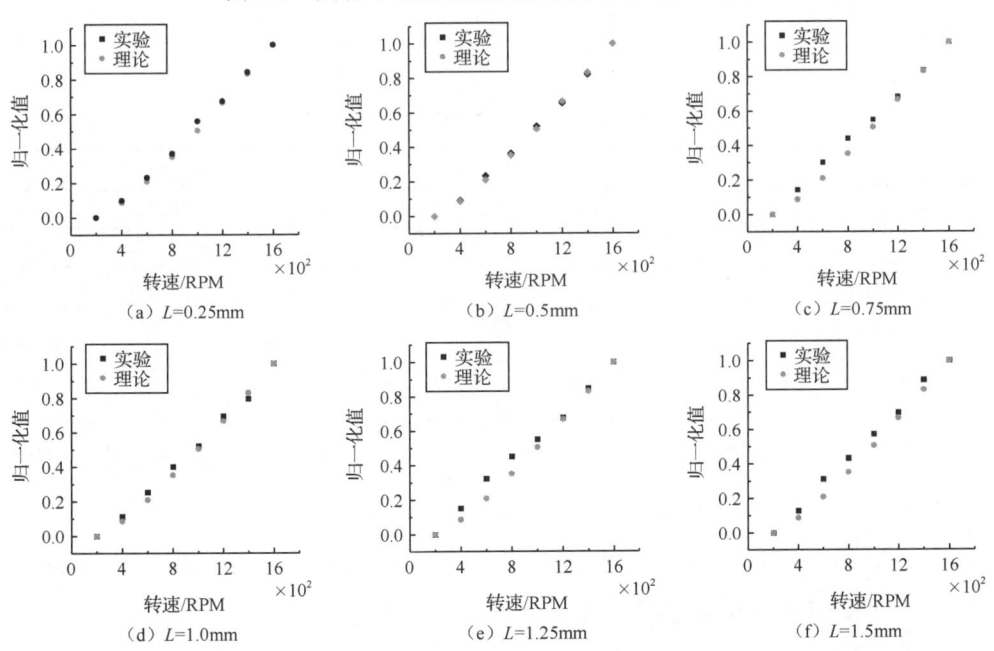

图4-10 理论冲击力和接触力的加权幅值与实验信号的最大幅值的比较结果

4.4.1 恒速条件的实验分析与验证

最优 Rt 的选择是形成 FPF 的重要步骤，因为它决定了声发射撞击是否可以从原始信号中提取来。表 4-3 为在没有外界环境干扰的情况下，利用式（4-34）计算得到的 Rt 值，在 200～1200 RPM 转速范围内取 0.1109～0.2234。理论 Rt 可以支持临界动态阈值的计算，而实验过程中的阈值水平应大于临界动态阈值，由于受到实验环境的不确定性影响，直接从实验信号中计算 Rt 并不是一条容易实现的途径。因此，考虑到 Rt 决定撞击信号提取精度的物理意义，本节提出基于分布精度（DA）和变异系数（CV）的分布式聚合指数（DAI）来间接选择 Rt，这样既保证了 FPFP 的准确性，又保证了 FPF 分布的紧密性。指数越大，分布精度越高，离散度越小；指数越小，分布精度越低，离散度越大。DAI 计算如下

$$\mathrm{DAI} = \mathrm{DA} \cdot e^{-\frac{1}{N}\sum_{i}^{N}\mathrm{CV}_i} \tag{4-36}$$

式中，$\mathrm{DA} = m/N$；m 为阈值提取的正确 FPFP；N 为时间 t 内 f_r（RPM）速度下的理论撞击总数，$N = tf_r$；$\mathrm{CV}_i = \sigma_i/\mu_i$，其中，$\sigma_i$ 为第 i 层的标准差，μ_i 为第 i 层 FPFP 的平均值。

表 4-3 式（4-34）计算得到的 Rt 值

序 号	速度/RPM	Rt
1	200	0.2234
2	400	0.1971
3	600	0.1692
4	800	0.1453
5	1000	0.1261
6	1200	0.1109

动态阈值设置为每 1s 刷新一次，以满足收集数据时的在线监测要求。因此，本节以 1s 的时间长度为统计单位，通过在 0～1s 范围内以 0.005s 的步长扫描 Rt 来获得 DAI-Rt 曲线，其峰值水平坐标对应于最优 Rt。为了使数据更加可靠，针对具有不同损伤宽度和转速的轴承，采集了 6 组数据。

图 4-11 为 DAI-Rt 曲线实验结果。实验计算出的最佳 Rt 值范围为 0.185～

第4章 基于轴承损伤状态动态门槛机理的指纹特征方法

0.305,随着转速的增加,其下降趋势与理论值相似,并且该值大于理论值,这与4.4.3节给出的实验阈值应大于理论临界动态阈值水平的结论一致。理论值和实验值之间缺乏一致性是由于受到实验中不确定因素的影响,如环境噪声和电机旋转噪声。分析后,DAI 和 Rt 随转速的变化情况如图 4-12 所示。显然,由于转速的增加,DAI 呈上升的趋势,并且撞击幅度变得越来越明显,从而使正确分布点增加;而 Rt 呈下降的趋势,这是由于故障撞击幅度相对于非故障撞击幅度而言,故障撞击幅度随着转速的增加而越来越明显。

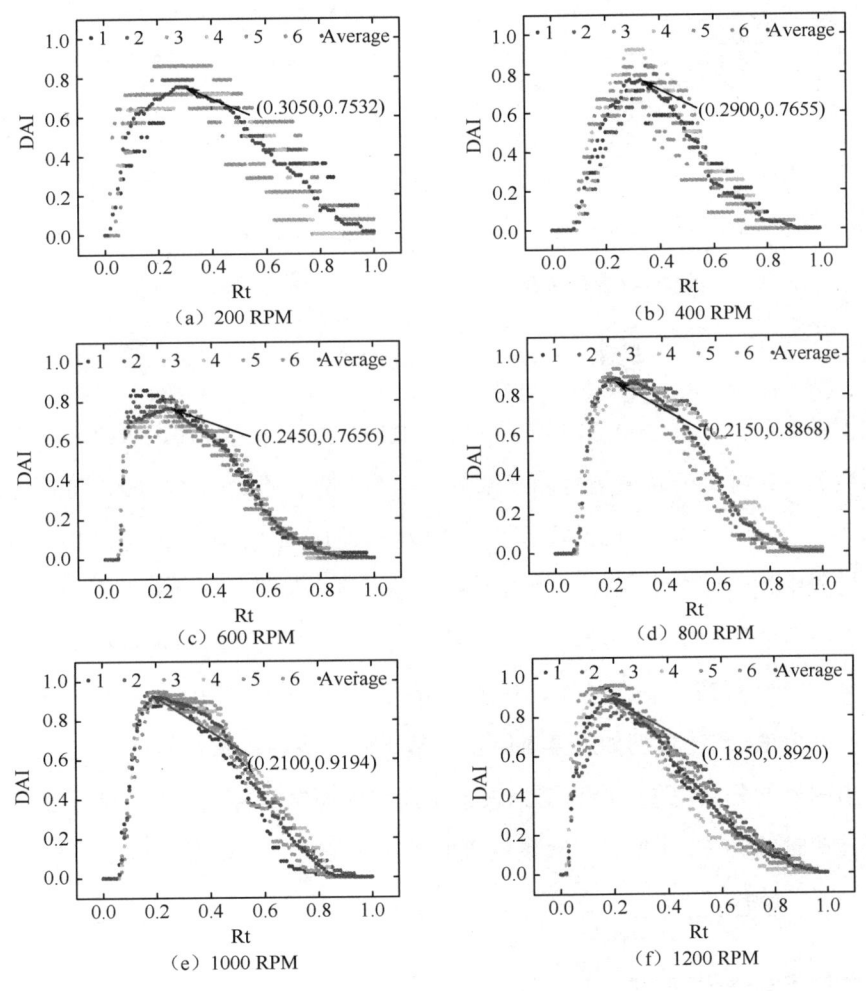

图 4-11 DAI-Rt 曲线实验结果[①]

---

① 1~6 表示第 1 组~第 6 组数据,Average 表示 6 组数据所得 DAI-Rt 关系数据的平均值。

基于上述分析，在实验中使用损伤宽度为 0.75mm 的轴承作为样本来分析 FPF。此外，FFS 是通过将每单位时间的 FPFP 数量与对应 FPF 故障层的 FCF 相关联而得到的。轴承 FCF 由式（4-37）得到。

$$f_{\text{BPFO}} = \frac{Z}{2} f_r \left(1 - \frac{d}{D_m} \cos \alpha \right) \quad (4-37)$$

式中，$\alpha = 0$，Z 是滚动体的数量，f_r 是轴承的旋转频率，d 是滚动体直径，D_m 是轴承中径。

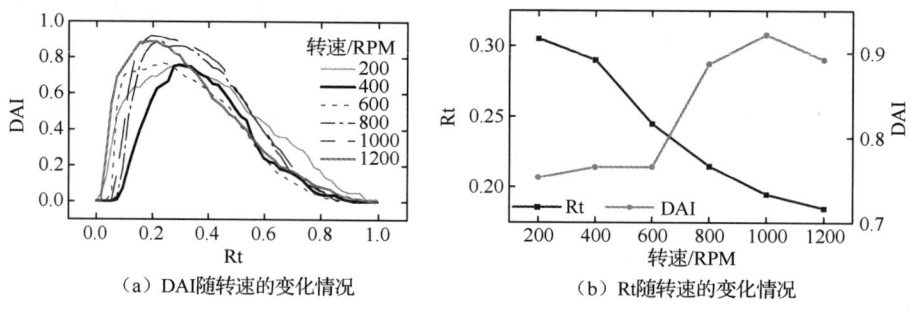

图 4-12　DAI 和 Rt 随转速的变化情况

在恒速条件下，在 200～1200（1±3%）RPM 的转速范围内，分别收集 10s 的实验检测数据，并将每个时域信号的一部分显示为图像。原始信号、FPF 和 FFS 分析结果如图 4-13 所示。图 4-13（a）显示了无故障轴承的原始信号、FPF 和 FFS 分析结果，其原始信号中没有明显的周期性撞击；FPF 图中只出现了几个不规则的散射点，FFS 图中没有显著的 FCF。图 4-13（b）～图 4-13（d）显示了故障轴承在不同转速下的原始信号、FPF 和 FFS 分析结果，在实验分析中，动态阈值 Rt 是基于上述实验得出的。动态阈值 Rt 统计数据如表 4-4 所示。基于此，故障轴承信号的 FPF 在不同转速下表现出明显的分层现象，FFS 图中表示了断层的层纵坐标的倒数，代表了故障轴承在不同转速时的 FCF，FPFP 的数量也表明了在相应频率下的显著程度。

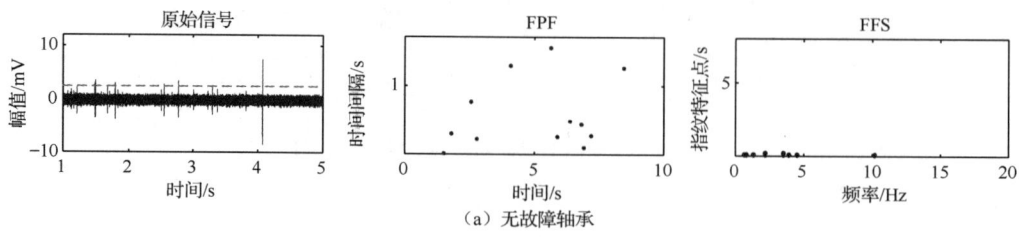

图 4-13　原始信号、FPF 和 FFS 分析结果

第4章 基于轴承损伤状态动态门槛机理的指纹特征方法

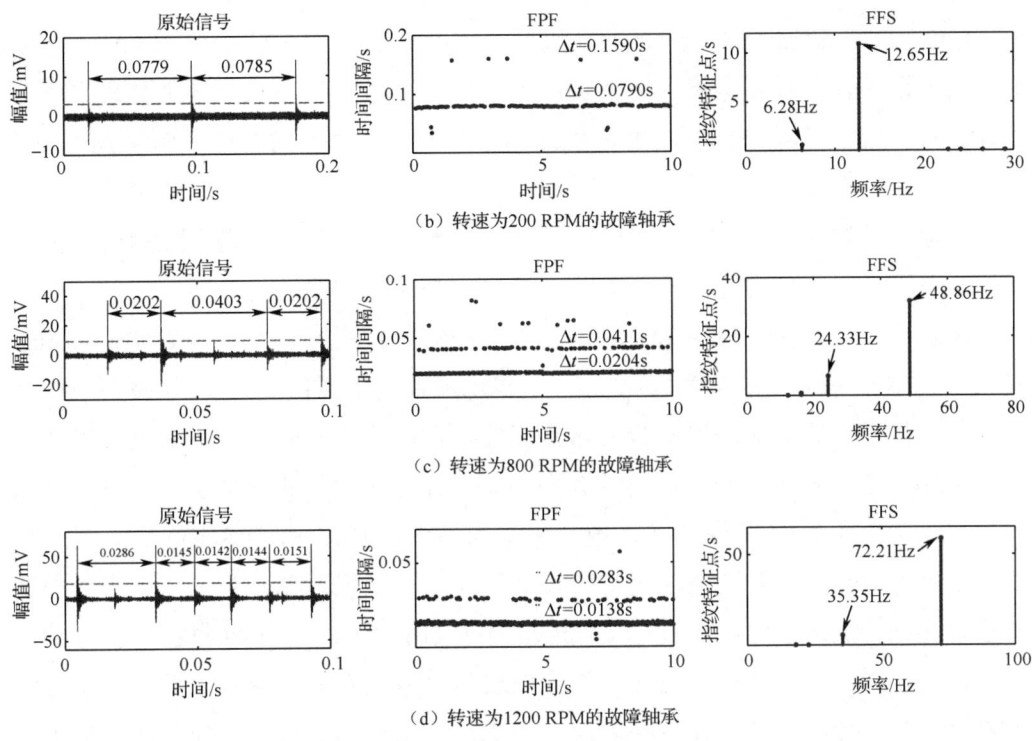

图 4-13 原始信号、FPF 和 FFS 分析结果（续）

表 4-4 动态阈值 Rt 统计数据

转速 /RPM	Rt	动态门槛/mV (1s, 2s, …, 10s)	平均时间间隔/s		故障特征频率/Hz		
			第一层	第二层	理论值	指纹故障谱	包络谱
200	0.305	2.766, 2.193, 2.589, 2.421, 2.865, 2.880, 2.226, 2.637, 2.490, 2.921	0.0790	0.1590	11.92	12.65	12.6
400	0.290	2.319, 2.313, 2.637, 2.767, 2.360, 3.906, 2.384, 4.012, 2.791, 2.749	0.0804	0.0403	23.85	24.79	24.6
600	0.245	3.525, 3.955, 4.224, 4.277, 4.583, 3.480, 3.895, 3.910, 4.138, 4.370	0.0277	0.0557	35.78	36.03	35.5
800	0.215	7.300, 6.943, 6.366, 5.947, 6.885, 7.138, 6.402, 6.023, 5.662, 6.423	0.0204	0.0411	47.71	48.86	48.0
1000	0.210	7.380, 7.899, 8.591, 7.617, 7.918, 8.027, 9.129, 7.360, 7.847, 8.540	0.0167	0.0334	59.63	59.87	59.7
1200	0.185	8.957, 9.948, 9.437, 9.228, 9.798, 9.488, 9.454, 9.101, 10.591, 9.973	0.0138	0.0283	71.56	72.21	72.0

为了证明 FFS 方法的有效性，使用 Hilbert 包络谱（Hilbert Envelope Spectrum，

HES）进行二次验证。这一选择的动机是，Hilbert 包络谱方法不仅是一种广泛使用的技术，而且在有效地提取要解调的频谱部分和从相邻的强分量中分离有用信息方面有直接的优势。FFS、HES 的检测结果与理论计算值的对比如图 4-14 所示。在诊断精度方面，图 4-14（a）和图 4-14（b）所示的 FFS 和 HES 的检测结果与考虑转速上下波动 3%的理论计算值一致，实验结果证明了所提方法的可靠性。此外，为了验证 FFS 方法的执行效率，同时考虑了时间复杂性和运行时间。对于时间复杂性，HES 主要包括 Hilbert 变换和快速傅里叶变换（Fast Fourier Transform，FFT），HES 的总体复杂度为 $O(N\log N)$。自由流速度主要由 M 个连续循环组成，其中，这些循环的最大迭代次数为 N。因此，自由流速度的时间复杂度可以估计为 $O(MN)$，可以简化为 $O(N)$。对于运行时间，在本节中，故障轴承的随机信号用于在 200~1200 RPM 的速度范围内，每个间隔重复 HES 和 FFS 100 次。图 4-14（c）显示了 100 个计算结果的平均值及其误差。该过程是在一台采用中央处理器型号为 Intel® Core™ i7-10700 CPU@2.90GHz（16 个 CPU）的计算机上执行的。结果表明，FPF 和 FFS 可以对传入的声发射信号做出有效的决策，并证实了在线监测的潜在可行性。除了具有高效决策的优点，该检测过程的可视化还提供了一种清晰的诊断模式，可以随时跟踪轴承的状态，这是无损检测的一个重要趋势。

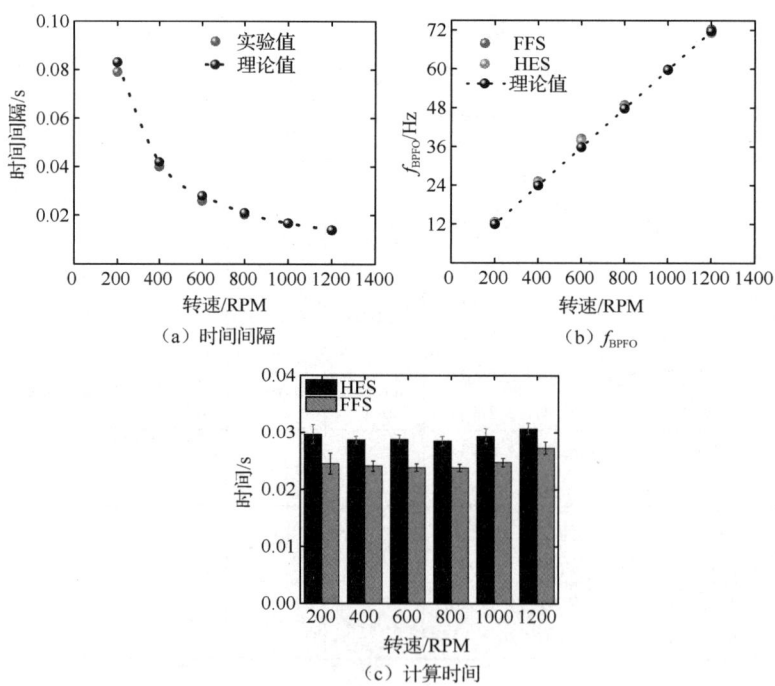

图 4-14　FFS、HES 的检测结果与理论计算值的对比分析

4.4.2 变速条件的实验分析与验证

变速条件的实验设置如下：以加速过程为例，转速从 100 RPM 到 1200 RPM，步长为 100 RPM；随后，轴承在进入下一个速度之前，在当前速度稳定 5s。整个加速过程的测量时间为 60s，减速过程也是如此。加速过程和减速过程中的原始信号、FPF 和 FFS 如图 4-15 所示。图 4-15（a）～图 4-15（c）为加速过程中的轴承故障诊断情况；图 4-15（a）为加速过程中的原始信号，其中，灰色实线表示动态阈值，灰色虚线表示轴承转速。图 4-15（b）中的 FPF 由于加速过程中相邻冲击信号之间的时间间隔减小，呈现随转速相位变化而逐步分层的现象。图 4-15（c）给出了各轴承转速下 FFS 对应的 12 条清晰的 FFS 谱线。图 4-15（d）～图 4-15（f）为减速过程的轴承故障诊断。FPF 随着转速的降低呈现向上分层现象，故障谱可以清晰地显示各轴承转速下的 FFS。实验结果表明，FPF 和 FFS 具有检测可靠、计算时间短的优点，不仅可以直观地检测轴承外圈故障，而且有助于跟踪和保留轴承运行状态信息。

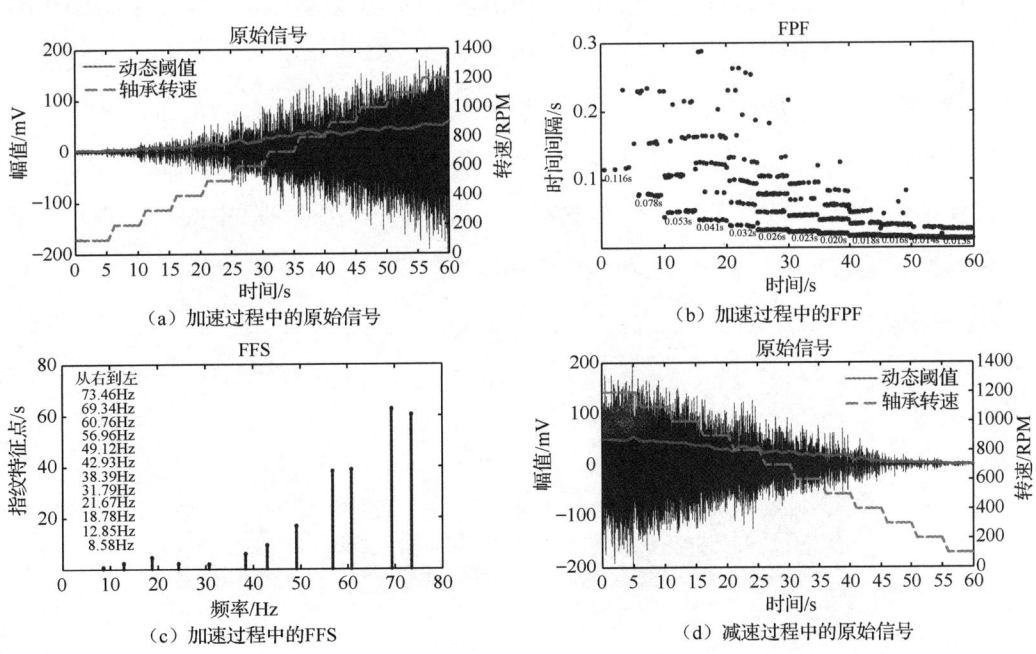

图 4-15 加速过程和减速过程中的轴承故障诊断情况

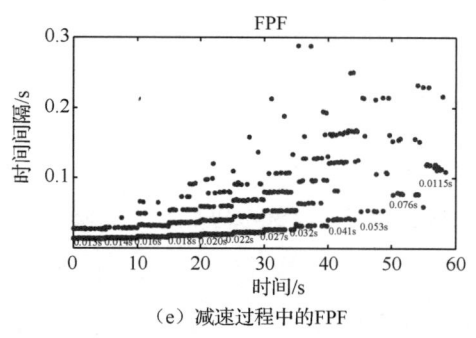
(e)减速过程中的FPF

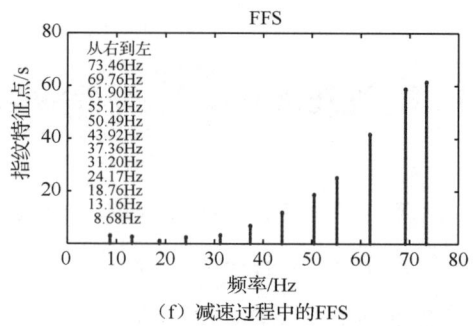
(f)减速过程中的FFS

图 4-15　加速过程和减速过程中的轴承故障诊断情况（续）

4.4.3　高速列车滚动实验分析与验证

动态阈值确定后，将以上技术应用到高速列车上，轻度损伤轴承的 FPF 如图 4-16 所示。随着速度的增加，故障聚类层对应的撞击时间间隔逐渐减小，并呈现明显的下降趋势。因此，撞击时间间隔聚类统计不仅可以自动识别由轴承故障产生的周期信号并形成特定的图形模式，而且可以实时跟踪记录轴承工作的速度和时间。图 4-16 显示了在相对较低的速度下（如 50km/h 和 100km/h 时），轻度损伤轴承的 FPF，可以看出，不规则的散点分布在 FPF 层间，虽然 FPF 底部存在大量散点，但上层的脉状仍然明显。图 4-17 为中度损伤轴承的 FPF，图 4-18 为重度损伤轴承的 FPF，可以看出，图 4-17 和图 4-18 中指纹特征点变多，脉络依然清晰。上述实验结果验证了 FPF 在高速列车变转速工况下轴承故障诊断中的可行性，为工程实践提供了有价值的技术手段；声发射技术可以在工业环境中运行。

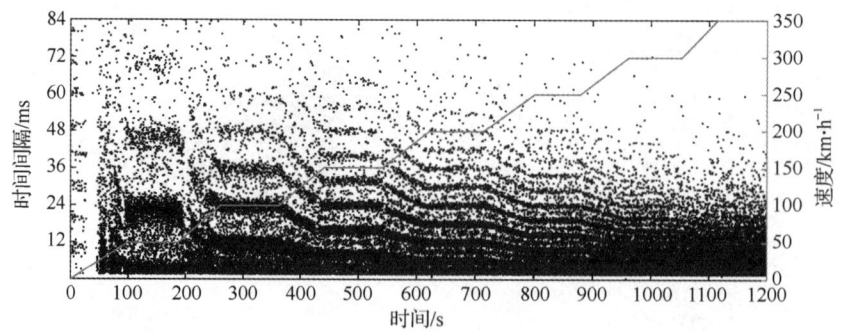

图 4-16　轻度损伤轴承的 FPF

第4章 基于轴承损伤状态动态门槛机理的指纹特征方法

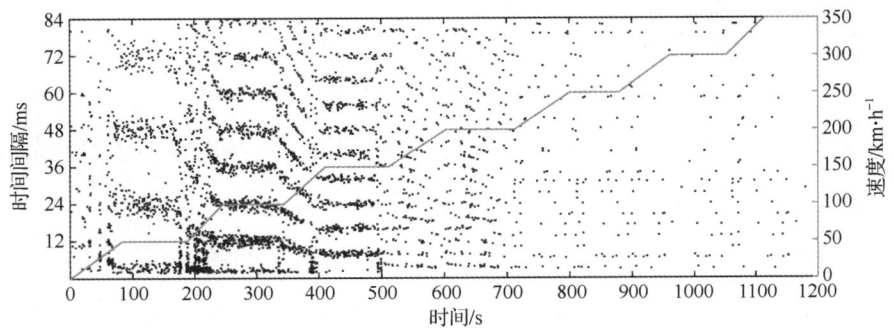

图 4-17 中度损伤轴承的 FPF

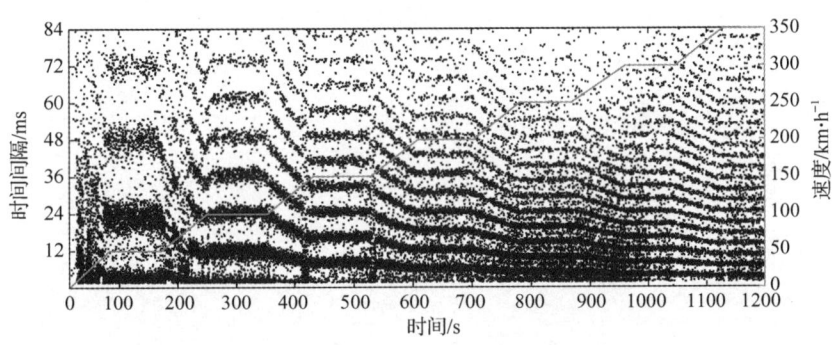

图 4-18 重度损伤轴承的 FPF

4.5 小结

现有时域下的声发射诊断方法缺乏对撞击特征参数周期性的充分考虑。为了解决这一问题，本章建立了一种用于轴承故障检测的状态监测技术，即指纹特征方法。该方法不仅可以自适应提取相邻故障撞击的时间间隔，形成可视化模型，而且可以跟踪不同转速条件下的轴承状态。考虑到动态阈值在指纹特征形成过程中的关键作用，通过研究受损轴承的运动状态，将受损区域轴承的故障撞击行为与声发射参数相关联，研究了动态阈值机制，在此基础上定义了阈值系数，并以此为准则获得了自适应动态阈值，从而完成了对声发射信号撞击特征参数的自适应提取。

本章在指纹特征的基础上，提出了指纹特征点的统计和计算方法。首先，统计了单位时间内指纹特征点的数量，提出了一种指纹特征指标，指纹特征不仅可以清晰地表示轴承的故障特征频率，而且通过 Hilbert 包络谱验证了检测效率。其次，通过计算指纹特征点的分布式聚合指数值，可以评估轴承的损伤状态，并用滚动轴承的实验结果验证了所提方法的有效性。最后，将该方法应用于在接近实际工况下工作的高速列车，不同损伤尺寸轴承的实验结果证明了该方法在工业环境下的可行性。指纹特征方法的检测能力和实用性使其成为一种有效的轴承故障诊断替代方案，为未来在轴承故障诊断领域的进一步探索奠定了基础。

第 5 章 高速列车轴箱轴承状态声发射监测技术

5.1 引言

声发射技术具有频率高、灵敏度高的特点,适用于高速列车轴承的状态监测和故障诊断,然而,现有的声发射诊断方法无法兼顾故障的实时性和周期性。为了克服上述缺点,本章提出了一种指纹特征优化方法。首先,提出了动态阈值的概念,以确保在不同速度、载荷和轴承损伤状态下,能够准确提取撞击声发射信号。基于动态阈值,定义了一个特定的特征,即指纹特征,以提供轴承故障即时的可视化模式。其次,构建了聚类显著性指数(Clustering Significance Index,CSI),其不仅可以指导动态阈值的自适应选择,而且有助于实现对轴承损伤状态的定量评价。再次,将撞击统计与故障频率结合,形成了故障撞击统计谱,并在此基础上,建立了故障撞击显著性指数(Fault Hit Significance Index,FHSI),以便定量判断轴承的损伤状态。最后,在接近高速列车实际线路的复杂实验条件下,验证了所提方法的有效性,为实际工况下轴承状态的在线监测提供了有价值的参考。

5.2 高速列车滚动实验平台及测试轴承

5.2.1 高速列车滚动实验平台

为了模拟高速列车运行环境,在高速列车系统集成国家工程实验室设计并建造了专用的动车组实验平台(如图 5-1 所示),该平台可以容纳一个全尺寸的动车组。动车组有两个转向架，每个转向架有 2 个轴和 4 组车轮。动车组安装在 8 个电动驱动轮的顶部，车轮边缘的速度可达 350km/h。实验中使用的是动车组中的一辆拖车，质量约为 47000kg。在减去轮轴重量后，每个轴承组承受的重量约为 5380kg。当驱动轮被电机带动旋转时，驱动轮就会驱动列车车轮以相同的线速度旋转。动车组和转向架的自身质量会产生巨大载荷，从而使列车车轮和驱动轮保持恒定的接触，而不会滑移或上下跳跃。同时，为了使动车组保持在相同的位置，在动车组前后安装了止动装置。此外，为了使实验更接近实际高速列车运行环境，对动车组施加了侧向载荷，侧向载荷可使车身最大偏移 5mm。

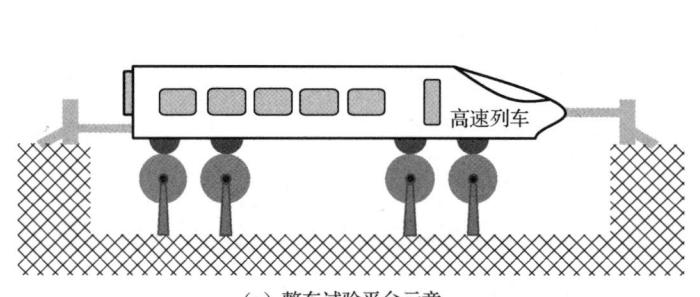
（a）整车试验平台示意

（b）驱动方式图像

图 5-1　动车组实验平台

与许多以恒定速度运行的工业旋转机器不同，高速列车以不同的速度运行，在不同的线路上有不同的运行速度。由于不同转速下的载荷、润滑和噪声条件均不同，因此，有必要对不同转速下的轴承性能状态进行研究。实验在很宽的速度范围内进行，从 0km/h 开始，以 50km/h 的速度间隔增加到 350km/h 的最高速度。速度每增加 50km/h，会保持大约 60s。

在实验过程中，轴箱顶部安装了一个频率带宽为 20～500kHz 的声发射传感器，如图 5-1（b）所示，实验使用的声发射系统为 PAC Express 8，具有撞击特征提取和波形流记录功能，其声发射数据的采样率为 2MHz，在每个恒定的测试速度下，采集并分析多个流波形。

5.2.2 测试轴承损伤状态及动态门槛

动车组轮对中使用的轴承是双列圆锥滚子轴承。在动车组轮对轴承中，轴承外圈损坏是最常见的故障，约占所有轴承故障的 75%。此外，通过对轴承温度报警现象的统计，可以确定外圈故障是高速列车轴承的主要故障。因此，在实验中测试了 10 多个具有不同类型外圈损伤（如腐蚀、点蚀、开裂和剥落）的轴承。对于给定的列车速度，基于相应的轴承几何信息，如节距直径、滚子直径、滚子数、接触角等，可根据式（5-1）计算出不同列车速度下轴承外圈轴承故障频率。

$$\text{BPFO} = f_\text{o} = n\frac{f_\text{r}}{2}\left(1 - \frac{d}{D_\text{p}}\cos\alpha\right) \tag{5-1}$$

式中，n 为滚子数量；d 为滚子直径；D_p 为节距直径；α 为接触角；f_r 为转速（RPM）的频率，单位为 Hz，f_r = RPM/60。高速列车的实验速度及相应的故障频率如表 5-1 所示。

表 5-1 高速列车的实验速度及相应的故障频率

列车速度/（km·h^{-1}）	故障频率 BPFO/Hz
50	42.04
100	84.08
150	126.11
200	168.15
250	210.19
300	252.23
350	294.26

实验中使用的轴承大多是从高速列车上拆卸下来的带有自然缺陷的实际损坏轴承。采用三维激光扫描技术对被测轴承的剥落状况进行扫描，为后续轴承故障诊断提供定量的轴承损伤参考或数据库。三维激光扫描技术不仅可以量化缺陷的长度和宽度，还可以量化缺陷的深度和轮廓。

实验轴承分为 4 种类型：轴承 A——正常轴承，轴承 B——轻度损伤轴承，轴承 C——中度损伤轴承，轴承 D——重度损伤轴承。在此特别选择了 4 个具有代表性的不同损伤状态的轴承作为实验用例。图 5-2 为受损轴承实物图及三维激光扫描结果。表 5-2 为不同损伤状态轴承的缺陷形貌特征。

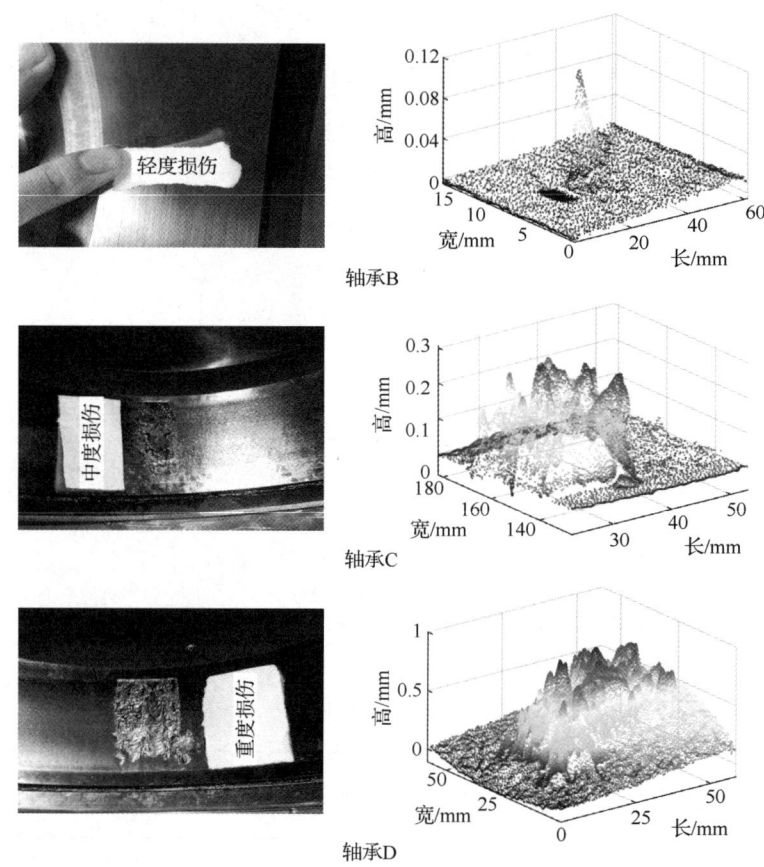

图 5-2 受损轴承实物图及三维激光扫描结果

表 5-2 不同损伤状态轴承的缺陷形貌特征

轴承编号	损伤状态	长度/mm	宽度/mm	最大深度/mm	面积/cm²
轴承 A	正常	—	—	—	—
轴承 B	轻度	8	1	0.12	0.08
轴承 C	中度	35	18	0.31	6.30
轴承 D	重度	46	30	0.85	13.8

第5章 高速列车轴箱轴承状态声发射监测技术

在实际工程应用中,不同损伤状态的轴承在不同速度下的信号幅值是不同的。如果使用固定的阈值,必然会导致故障撞击时间间隔的提取不准确,甚至无法提取。采用相同的固定阈值分析同一轴承在运行速度 50km/h 和 250km/h 时的信号,其分析结果分别如图 5-3 和图 5-4 所示。

故障轴承在 50km/h 时声发射信号分析结果如图 5-3 所示。图 5-3(a)为故障轴承在 50km/h 时的时域波形。在 0.1s 内只提取了一次撞击。同时选取 60s 的数据,观察两次撞击的时间间隔分布,如图 5-3(b)所示。其没有聚类,只存在一些与故障周期特征不对应的散点。故障轴承在 250km/h 时声发射信号分析结果如图 5-4 所示。图 5-4(a)为故障轴承在 250km/h 时的时域波形。0.1s 以内的幅值几乎超过阈值,两次撞击的时间间隔不能反映故障时间。60s 的数据还用于计算两次撞击之间的时间间隔,如图 5-4(b)所示。其聚类明显,无分层,但是对应的坐标并不是故障发生的时间间隔。原因是当信号幅值均超过阈值时,固定长度的信号被作为撞击信号提取。在测试中,设置 50ms 为最大持续时间限制,因此,每次撞击的长度接近 50ms。两次撞击之间的时间间隔被人为地定义为两个撞击中心位置之间的时间差。因此,聚类的情况类似于一条直线。

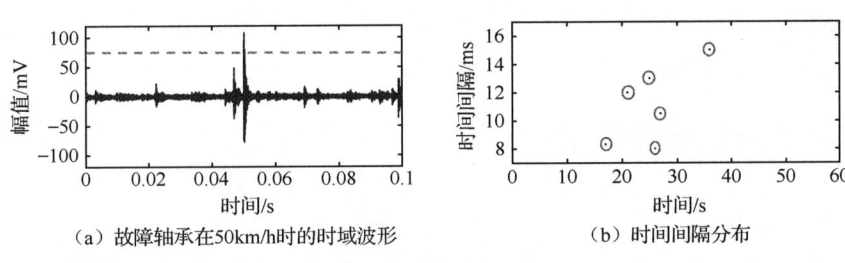

图 5-3 故障轴承在 50km/h 时声发射信号分析结果

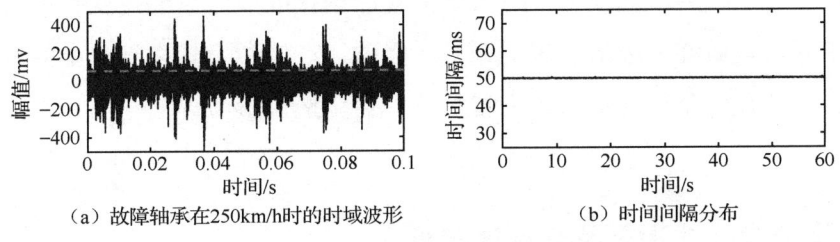

图 5-4 故障轴承在 250km/h 时声发射信号分析结果

基于以上分析可以得出，使用固定阈值提取故障撞击时间间隔是不可靠的。为此，笔者提出了动态阈值的概念，即在不同速度和不同轴承损伤的情况下，自适应选择不同的阈值进行轴承故障撞击特征参数提取。ASL 可以用来测量背景噪声水平，因此，可以在 ASL 的基础上增加一个校正值，形成动态阈值。经过实验验证，从视觉效果来看，当校正值为 15dB 时，故障撞击时间间隔提取更准确、分层更明显。根据动态阈值的定义和动态阈值的选择，给出不同转速下不同损伤轴承对应的动态阈值，如图 5-5 所示。

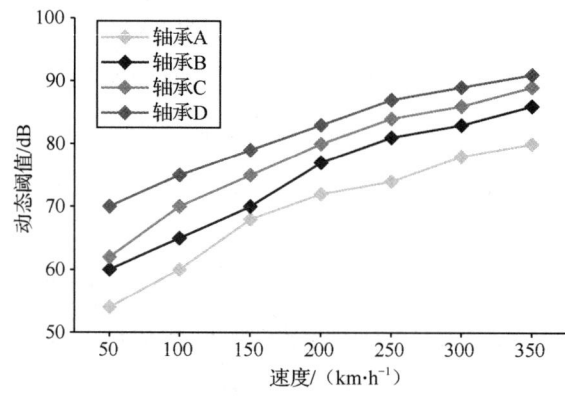

图 5-5 不同转速下不同损伤轴承对应的动态阈值

5.3 指纹特征优化方法

指纹特征是一种有效可靠、能够可视化，以及具有动态性和实时性的故障识别方法，聚类效果在很大程度上依赖于动态阈值的准确选取。因此，有必要对指纹特征进行量化，并以此作为动态阈值的智能选择准则。虽然指纹特征与传统聚类方法不同，但最终大多形成聚类分布。因此，可以参考聚类算法中的聚类指标来评价指纹特征点分布的优劣，为指纹特征优化提供参考。

5.3.1 聚类显著性指标及其性能验证

通过上一章分析发现，动态阈值越准确，分层现象越明显，集中在故障基准线附近的指纹特征点数量越多。因此，在理论故障时间间隔的基础上，可以通过各层指纹特征点对故障基准线的偏离程度来量化聚类程度，并利用指纹特征聚类程度来选择最优动态阈值。首先，计算出不同速度下不同故障层的指纹特征点对不同故障基准线的标准差；然后，求出前 N 层的标准差；最后，以标准差之和的倒数作为聚类显著度指标（CSI）。分层越明显，标准差越小，CSI 值越大。本节采用指纹特征点前 3 层的标准差来计算 CSI。

以运行速度为 100km/h 时不同损伤轴承的指纹特征分布为例进行说明，如图 5-6 所示，轴承理论故障频率为 $f_o = 84.08$Hz，对应的故障撞击时间间隔为 $\Delta t = 1/f_o = 11.89$ms。第一层以 Δt 为基准线，取其上下偏差 $0.5\Delta t$ 构成了第一层 L_1。同理，第二层以 $2\Delta t$ 为基准线，取其上下偏差 $0.5\Delta t$ 构成了第二层 L_2，以此类推，构成了第 i 层 L_i。

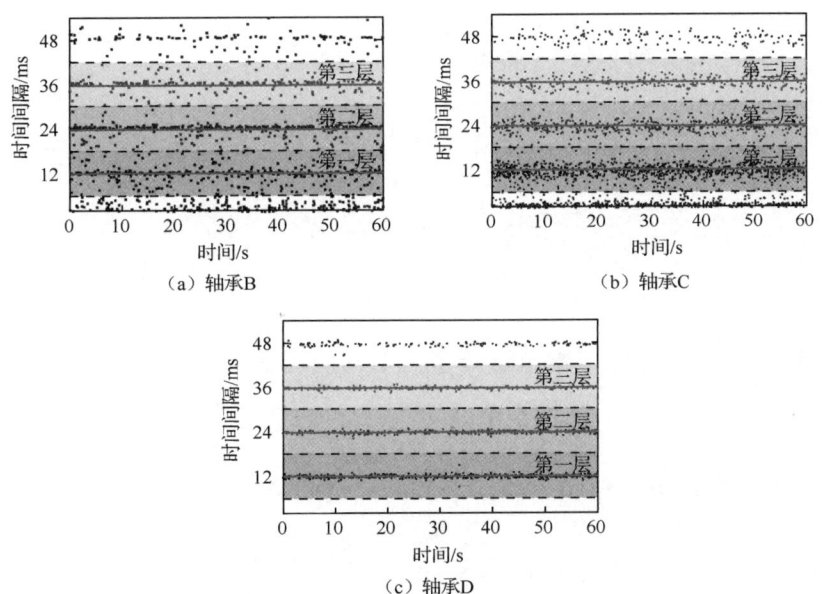

图 5-6　100km/h 时不同损伤轴承的指纹特征分布

$$\begin{cases} L_1 = \Delta t \pm \dfrac{\Delta t}{2} \\ L_2 = 2\Delta t \pm \dfrac{\Delta t}{2} \\ \vdots \\ L_i = i\Delta t \pm \dfrac{\Delta t}{2} \end{cases} \quad (5\text{-}2)$$

$$\Delta t = \frac{1}{f_o} = \frac{2}{\dfrac{nv}{\pi D_{\text{wheel}}}\left(1 - \dfrac{d}{D_p}\cos\alpha\right)} \tag{5-3}$$

为便于后续计算，用 v 表示线速度，D_{wheel} 表示车轮直径。根据 $i\Delta t$ 计算各层的标准差，为

$$\begin{cases} \sigma_1 = \sqrt{\dfrac{1}{N_1}\sum_{j=1}^{N_1}(t_j - \Delta t)^2} & ,t_j \in l_1 \\ \sigma_2 = \sqrt{\dfrac{1}{N_2}\sum_{j=1}^{N_2}(t_j - 2\Delta t)^2} & ,t_j \in l_2 \\ \vdots \\ \sigma_i = \sqrt{\dfrac{1}{N_i}\sum_{j=1}^{N_i}(t_j - i\Delta t)^2} & ,t_j \in l_i \end{cases} \tag{5-4}$$

式中，$N_1, N_2, \cdots, N_i$ 分别为每一层的指纹特征点数。

通过对每层标准差求和并将其取倒数，得到 CSI 表达式为

$$\text{CSI} = \frac{i}{\sum_{k=1}^{i}\sigma_k} \quad (k=1,2,\cdots,i) \tag{5-5}$$

为了评价 CSI 的性能，本节选择了两个常用的聚类指标进行比较，分别是戴维森堡丁指数（DB）和间隔性指数（SP）。

DB 是聚类内距离与聚类间距离之和的比值的函数，定义为

$$\text{DB} = \frac{1}{k}\sum_{i=1}^{k}\max_{i \neq j}\frac{D(K_i) + D(K_j)}{D(m_i, m_j)} \tag{5-6}$$

式中，k 为聚类数量；$D(m_i, m_j)$ 为 K_i 聚类中心与 K_j 聚类中心之间的类间距；$D(K_i)$、$D(K_j)$ 分别为类内所有离散点到其质心的平均距离，DB 值越小，聚类之间分离越好。

为了使其物理意义与 CSI 保持一致，取 DB 的倒数，定义为 DBI。

第5章 高速列车轴箱轴承状态声发射监测技术

$$\mathrm{DBI} = \frac{1}{\mathrm{DB}} \tag{5-7}$$

SP 是测量聚类质心之间平均欧氏距离的函数,定义为

$$\mathrm{SP} = \frac{1}{k^2-k}\sum_{i=1}^{k}\sum_{j=i+1}^{k}\|\omega_i-\omega_j\|_2 \tag{5-8}$$

式中,ω_i、ω_j 分别为聚类 K_i 和 K_j 的质心。

SP 用于衡量聚类间的分类程度,为使其物理意义与 CSI 一致,对每一层进行分解。以第一层 L_1 为例。首先,将第一层再分为三层,考虑到速度波动和聚类情况,中间层设置为 $[\Delta t - 5\%\Delta t, \Delta t + 5\%\Delta t]$,其他两层分别设置为 $[\Delta t - 50\%\Delta t, \Delta t - 5\%\Delta t]$ 和 $[\Delta t + 5\%\Delta t, \Delta t + 50\%\Delta t]$。根据公式(5-8)可计算第一层 L_1 对应的 SP_1,同理可计算第 i 层(L_i)对应的 SP_i。为了使其物理意义与 CSI 一致,对每层 SP 求和并取倒数,定义为 SPI,SPI 可用下式表示。

$$\mathrm{SPI} = \frac{1}{\sum_{k=1}^{i}\mathrm{SP}_k} \tag{5-9}$$

本节在 100km/h 的速度下,利用不同损伤轴承对应的指纹特征分布,验证了各聚类指标的性能(如图 5-6 所示)。为了进一步保证比较可靠性,设置校正值为 15dB,验证数据均为前三层的指纹特征。图 5-6(a)~图 5-6(c)分别显示了轴承 B、轴承 C 和轴承 D 的指纹特征。对于指纹特征,在相同的工作条件下,聚类指标波动越小,则表示轴承状态的稳定性越好,可以更好地指导动态阈值的选择。

接着对各个指标的有效性进行验证。首先对稳定运行速度下每秒内的数据计算 CSI、DBI 和 SPI;其次,对结果进行归一化处理;最后,对结果进行对比分析。每秒信号归一化指标计算结果如图 5-7 所示。通过比较发现,CSI 在区间[0.87,1]内波动,比较稳定;SPI 在区间[0.45,1]内波动,波动较大;DBI 在区间[0,1]内波动,波动最大。

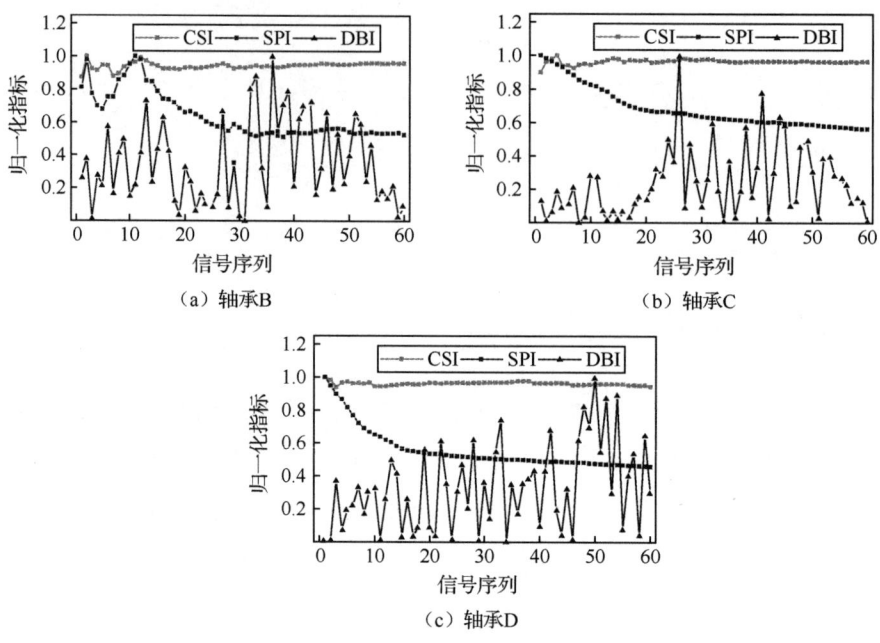

图 5-7　每秒信号归一化指标计算结果

为进一步量化各指标的稳定性，在此计算了各指标的标准差。不同受损轴承归一化指标的标准差计算结果如图 5-8 所示。对于相同轴承，DBI 的标准差最大，CSI 的标准差最小。对于不同轴承，DBI 和 SPI 的标准差与损伤程度之间不存在单调关系，而 CSI 的标准差随着损伤程度的增加而减小，这与实际情况一致，进一步证明了 CSI 的有效性。

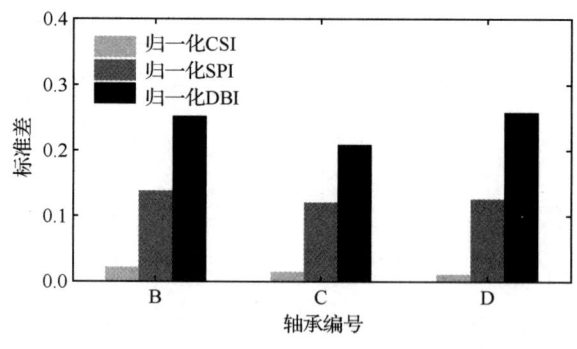

图 5-8　不同受损轴承归一化指标的标准差计算结果

5.3.2 自适应最优动态阈值法及指纹特征优化功能

在上述理论分析的基础上，根据聚类显著度指标对动态阈值进行优化。通过对大量实验结果的统计得到动态阈值与速度的关系，如图 5-5 所示，动态阈值随速度 v 变化，理论上动态阈值 T 定义为

$$T = \text{ASL} + \varepsilon \tag{5-10}$$

式中，ε 为动态阈值校正值，ASL 为平均信号电平。

通过拉格朗日拟合，将 v 表示为 T 的多项式：

$$L_n(T) = v_0 l_{0n}(T) + v_1 l_{1n}(T) + \cdots + v_n l_{nn}(T) = \sum_{i=0}^{n} v_i l_{in}(T) \tag{5-11}$$

式中，$l_{in}(T)(i=0,1,\cdots,n)$ 是一个 n 次多项式，与 v_i 无关。根据插补条件（插补多项式的值必须等于对应点的函数值），得到

$$L_n(T_k) = v_k l_{kn}(T_k) + \sum_{i=0}^{n} v_i l_{in}(T_k) = v_k \quad (k=0,1,\cdots,n) \tag{5-12}$$

由于 v_k 和 $l_{in}(T_k)$ 是独立的，我们可以得到如下结果：

$$l_{in}(T_k) = \delta_{ik} = \begin{cases} 1, & i=k \\ 0, & i \neq k \end{cases} \quad (i,k=0,1,2,\cdots,n) \tag{5-13}$$

因此，根据式（5-13），$l_{in}(T_k)$ 可以表示为

$$l_{in}(T_k) = \prod_{\substack{k=0 \\ k \neq i}}^{n} \left(\frac{T - T_k}{T_i - T_k} \right) \tag{5-14}$$

将式（5-14）代入式（5-11），可得拟合曲线函数为

$$L_n(T_k) = \sum_{i=0}^{n} v_i \prod_{\substack{k=0 \\ k \neq i}}^{n} \left(\frac{T - T_k}{T_i - T_k} \right) \tag{5-15}$$

根据式（5-15）可以得到动态阈值的拟合函数为

$$v = L_n(T_k) = L_n(\text{ASL} + \varepsilon) \quad (5\text{-}16)$$

结合上述方程及式（5-5），可得到 CSI 的最终表达式为

$$\text{CSI} = \dfrac{L}{\left\{ \displaystyle\sum_{i=1}^{L} \left\{ \dfrac{1}{N_i} \sum_{j=1}^{N_i} \left[t_{ij} - i \dfrac{2\pi D_{\text{wheel}}}{n L_n(\text{ASL} + \varepsilon)\left(1 - \dfrac{d}{D_p}\cos\alpha\right)} \right]^2 \right\} \right\}^{\frac{1}{2}}} \quad (5\text{-}17)$$

式中，L 为聚类总层数。

在上述理论分析的基础上，对动态阈值进行优化，完成自适应最优选择。动态阈值自适应选择流程图如图 5-9 所示，具体流程如下。

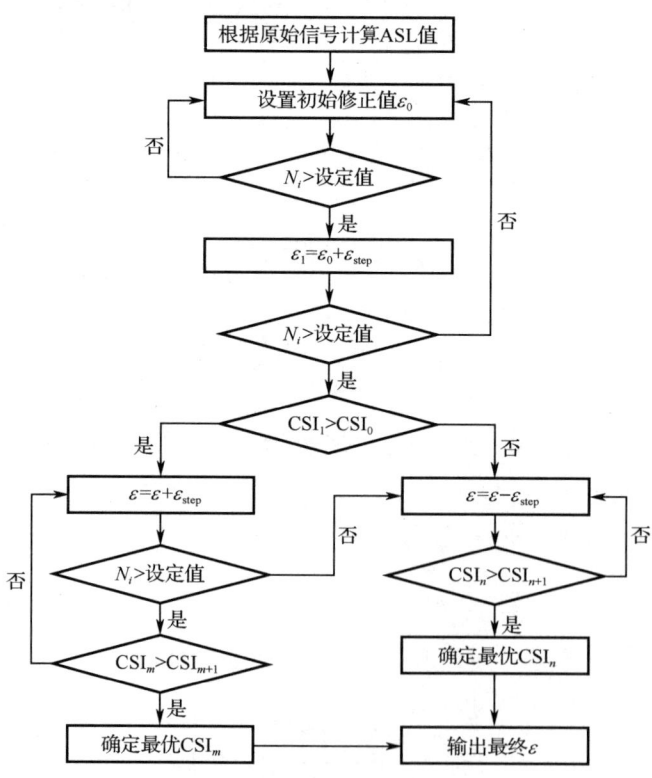

图 5-9　动态阈值自适应选择流程图

(1) 根据原始信号计算 ASL 值，设置初始修正值 $\varepsilon_0 = 15\text{dB}$。

(2) 为避免指纹特征点数过少带来的偶然误差，同时兼顾指纹特征视觉效应，对每层指纹特征点数进行约束，进一步提高指纹特征的有效性和统计精度。给定以下约束条件，如果 $N_i <$ 设定值 ($i=1,2,3$)，那么，$\text{CSI} = 0$。在本次测试中，每一步流程都需要对指纹特征点数进行判断。

(3) 设置步长 $\varepsilon_{\text{step}} = 1\text{dB}$，以增大 ε 值，同时判断指纹特征点数是否符合要求。如果符合要求，则初步判断 ε_0 对应的 CSI_0 值和 ε_1 对应的 CSI_1 值的大小；如果不符合要求，则需要进一步调整初始修正值。

(4) 如果 $\text{CSI}_1 > \text{CSI}_0$，表示 CSI 未达到最优值，则继续以步长 $\varepsilon_{\text{step}}$ 增大 ε 进行循环，同时判断指纹特征点数是否符合要求。如果符合要求，直到 $\text{CSI}_m > \text{CSI}_{m+1}$，则此时找到 CSI 的最优值，为 CSI_m；如果不符合要求，则需要以步长 $\varepsilon_{\text{step}}$ 减小 ε 进行循环，直到 $\text{CSI}_n > \text{CSI}_{n+1}$，则此时找到 CSI 的最优值，为 CSI_n。

(5) 如果 $\text{CSI}_1 < \text{CSI}_0$，表示 CSI 未达到最优值，则继续以步长 $\varepsilon_{\text{step}}$ 减小 ε 进行循环，直到 $\text{CSI}_n > \text{CSI}_{n+1}$，则此时找到 CSI 的最优值，为 CSI_n。

(6) 当 CSI 达到最优值时，输出计算结果，并将对应的 ε 值作为下一段信号处理流程的初始修正值。以此类推，直到处理完采集的所有信号。

根据动态阈值自适应选择原则进行多组实验，每个故障等级轴承选取典型指纹特征分布图进行分析，图 5-10～图 5-13 显示了不同损伤轴承指纹特征分布。

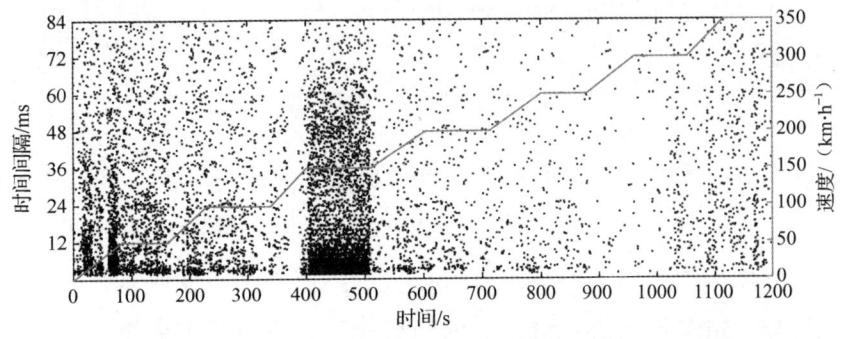

图 5-10 轴承 A 指纹特征

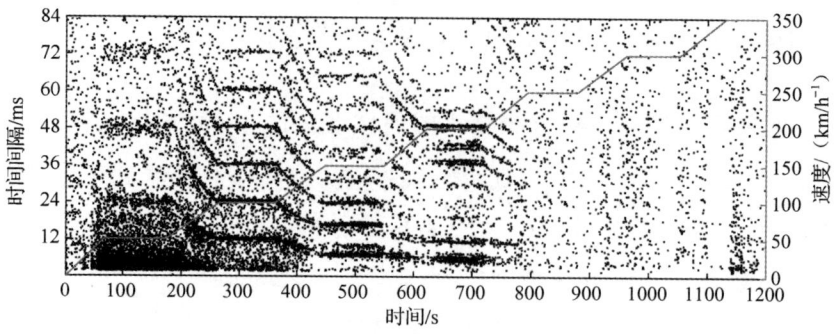

图 5-11　轴承 B 指纹特征

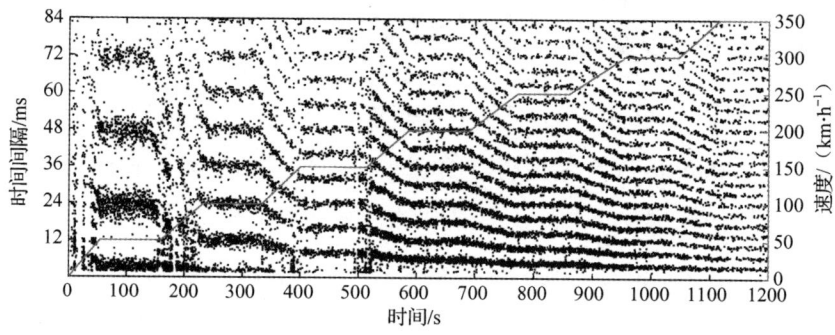

图 5-12　轴承 C 指纹特征

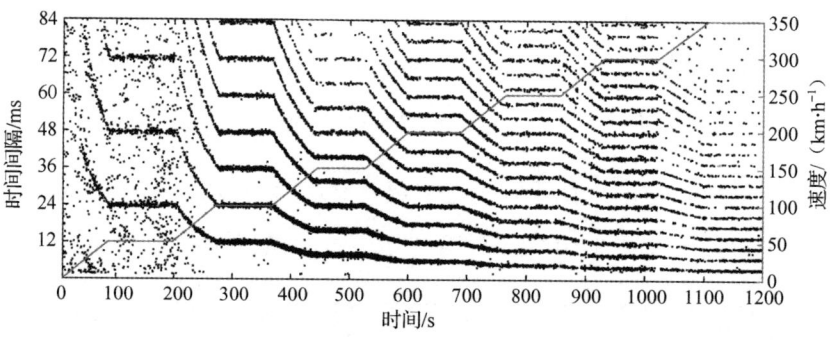

图 5-13　轴承 D 指纹特征

对于轴承 A，在任何速度下都没有聚类现象，与实际情况一致。对于轴承 B，聚类现象出现在低速和中速（50km/h～200km/h）时，随着速度的增加，聚类现象不再明显，这与不断增加的噪声有关。对于轴承 C，在任何速度下，聚类分层明显，同时与 15dB 作为固定修正值的结果相比，聚类现象更加明显，证明了动态阈值自适应选择的有效性。对于轴承 D，聚类现象最为明显，在 100km/h～350km/h 工况下，指纹特征点几乎都聚集在故障基准线附近。因此，可以通过指纹特征点的聚类程度对轴承的损伤状态进行初步诊断。

5.3.3 基于聚类显著性的定量判断

基于上述分析，计算和统计不同速度下不同损伤轴承对应的前3层指纹特征点的分布标准差，并统计每层指纹特征点的数量。为保证比较结果的可靠性，每个轴承转速（即列车运行速度）下选取60s的数据进行统计计算，并对实验工况较好的几组实验结果计算平均值。指纹特征点和标准差统计计算结果如表5-3所示。

表 5-3 指纹特征点和标准差统计计算结果

轴承转速		轴承 A		轴承 B		轴承 C		轴承 D	
		特征点数量	标准差	特征点数量	标准差	特征点数量	标准差	特征点数量	标准差
50km/h	第一层	261	6.36	464	6.78	354	2.91	185	3.28
	第二层	129	7.18	181	4.96	221	2.83	130	2.96
	第三层	92	7.28	98	4.39	118	2.76	115	2.15
	总计	482	20.82	743	16.13	684	8.50	430	8.39
100km/h	第一层	87	3.41	402	2.22	189	1.24	516	0.43
	第二层	69	3.19	355	1.84	148	1.32	377	0.33
	第三层	36	3.48	203	2.20	115	1.55	274	0.46
	总计	192	10.08	960	6.26	452	4.11	1167	1.22
150km/h	第一层	688	2.35	385	1.27	107	0.69	2201	0.27
	第二层	194	2.31	288	1.16	93	0.95	1237	0.28
	第三层	127	2.14	153	1.01	76	0.67	636	0.30
	总计	1009	6.80	826	3.44	276	2.31	4074	0.85
200km/h	第一层	53	2.01	211	0.89	460	0.90	626	0.23
	第二层	25	1.94	120	0.82	354	0.80	521	0.25
	第三层	22	1.51	34	1.53	260	0.85	358	0.23
	总计	100	5.46	365	3.24	1074	2.55	1505	0.71
250km/h	第一层	18	1.47	16	1.06	440	0.63	144	0.24
	第二层	11	1.37	11	1.33	337	0.64	124	0.25
	第三层	11	1.51	11	1.07	244	0.66	136	0.28
	总计	40	4.35	38	3.46	1021	1.93	404	0.77

续表

轴承转速		轴承 A		轴承 B		轴承 C		轴承 D	
		特征点数量	标准差	特征点数量	标准差	特征点数量	标准差	特征点数量	标准差
300km/h	第一层	14	1.20	15	0.83	272	0.56	91	0.34
	第二层	12	1.30	14	1.19	214	0.49	137	0.29
	第三层	11	1.40	11	1.00	197	0.53	90	0.32
	总计	37	3.90	40	3.02	683	1.58	318	0.95
350km/h	第一层	21	0.91	56	0.80	109	0.49	151	0.23
	第二层	15	0.93	23	0.80	90	0.50	70	0.24
	第三层	18	1.00	23	0.90	85	0.49	83	0.35
	总计	54	2.84	102	2.50	284	1.48	304	0.82

通过分析可以发现，对于轴承 A，低速工况（50～150km/h）条件下的指纹特征点数量大于中高速工况（200～350km/h）条件下的指纹特征点数量，这与低速工况下机械结构噪声引起的冲击和高速工况下气动噪声、轮轨噪声引起的整体噪声增大相关，但是各层指纹特征点分布比较均匀，对应的标准差也较大。对于轴承 B，中低速工况（50～200km/h）条件下的指纹特征点数量大于高速工况（250～350km/h）条件下的指纹特征点数量，这与机械结构噪声冲击（50km/h）和轴承故障冲击（100～200km/h），以及气动、轮轨噪声（250～350km/h）相关。相比于轴承 A，轴承 B 对应的指纹特征点更聚集，对应的标准差也更小。相比于轴承 B，轴承 C 对应的指纹特征点在任何工况下都比较聚集，对应的标准差也较小。对于轴承 D，指纹特征点几乎都聚集在故障基准线附近，对应的标准差最小。

通过对表 5-3 中标准差的统计计算，可得到标准差和 CSI 的统计结果，如表 5-4 所示。通过对比可以发现，在 50km/h 时，各轴承对应的 CSI 值相对接近，这与低速工况下的机械结构噪声相关。随着速度的增加，不同轴承对应的 CSI 值的差异逐渐明显，并且在指纹特征点约束条件下，没有出现 CSI 为 0 的情况，不同转速下不同轴承的 CSI 值如图 5-14 所示。通过上述分析可以看出，CSI 与轴承损伤程度呈正相关。因此，该指标可用于轴承损伤状态定量化评估。

表 5-4 标准差和 CSI 统计结果

轴承转速	轴承 A		轴承 B		轴承 C		轴承 D	
	标准差	CSI	标准差	CSI	标准差	CSI	标准差	CSI
50km/h	20.82	0.05	16.13	0.06	8.50	0.12	8.39	0.12

续表

轴承转速	轴承 A		轴承 B		轴承 C		轴承 D	
	标准差	CSI	标准差	CSI	标准差	CSI	标准差	CSI
100km/h	10.08	0.10	6.26	0.16	4.11	0.24	1.22	0.82
150km/h	6.80	0.15	3.43	0.29	2.31	0.43	0.85	1.17
200km/h	5.46	0.18	3.24	0.31	2.55	0.39	0.71	1.41
250km/h	4.35	0.23	3.46	0.29	1.93	0.52	0.77	1.31
300km/h	3.90	0.26	3.02	0.33	1.58	0.63	0.95	1.06
350km/h	2.84	0.35	2.50	0.40	1.48	0.67	0.82	1.22

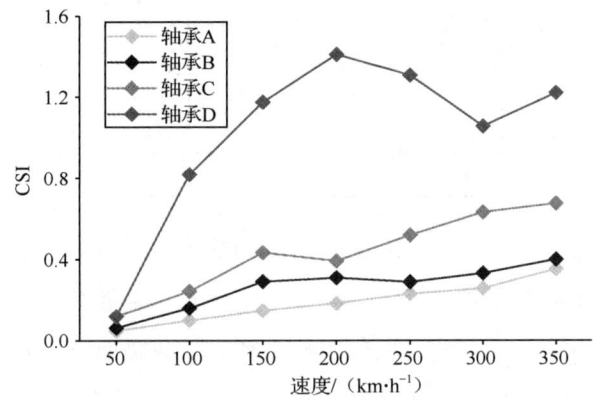

图 5-14　不同转速下不同轴承的 CSI 值

5.4 轴承损伤的故障撞击统计谱

5.4.1 动态故障撞击统计谱概念

根据最优 CSI 准则确定动态阈值后，将基于声发射的撞击统计量与基于轴承故障周期的故障频率相结合，形成了一种新的故障诊断模式，即动态故障撞击统计谱，其横坐标为时间间隔，纵坐标为撞击次数。对于动态故障撞击统计谱，横坐标分辨率的选择是至关重要的。如果分辨率太低，即单位时间间隔太大，会造成故障撞击数统计失真；如果分辨率过高，即单位时间间隔太小，则无法突出显示故障时间间隔。考虑滚动体的随机滑动、形状不规则及速度波动等因素，将偏差设为故障撞击时间间隔的 2%~3%。每个速度下的时间间隔分辨率可以根据偏差来设置，具体设置如表 5-5 所示。

表 5-5 时间间隔分辨率设置

速度/ (km·h^{-1})	理论故障 频率/Hz	理论时间 间隔/Hz	时间间隔 偏差/ms	时间间隔 分辨率/ms
50	42.04	23.79	0.72	0.72
100	84.08	11.89	0.36	0.36
150	126.11	7.93	0.24	0.24
200	168.15	5.95	0.18	0.18
250	210.19	4.76	0.14	0.14
300	252.23	3.96	0.12	0.12
350	294.26	3.40	0.10	0.10

以速度为 200km/h 时，轴承 B 对应的故障撞击统计谱（如图 5-15 所示）为例进行说明。当时间间隔分辨率设置为 0.10ms 时，轴承对应的故障撞击统计谱如图 5-15（a）所示，故障撞击统计谱比较混乱，故障时间间隔不明显。图 5-15（b）为时间间隔分辨率为 1.00ms 时，轴承 B 对应的故障撞击统计谱，在此情况下，统计了过多的非故障撞击，导致统计存在偏差。当时间间隔分辨率设置为 0.18ms 时，故障撞击统计谱如图 5-15（c）所示，故障时间间隔更准确，故障撞击统计谱较为清晰。

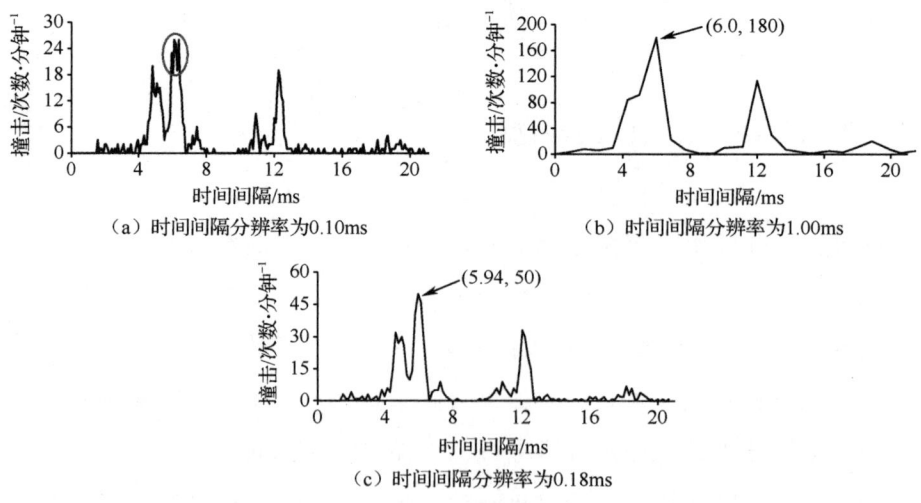

图 5-15 速度为 200km/h 时，轴承 B 对应的故障撞击统计谱

第 5 章 高速列车轴箱轴承状态声发射监测技术

同时，考虑到故障撞击时间间隔是故障频率的倒数（$f = 1/\Delta t$）。因此，基于撞击时间间隔和故障频率的对应关系，可将原故障撞击统计谱转换为新的故障撞击统计谱，从而建立声发射撞击统计与故障频率直接对应关系，如图 5-16 所示。此外，为了方便进行统一比较，后续故障撞击统计谱均取前 3 层指纹特征点进行统计分析。

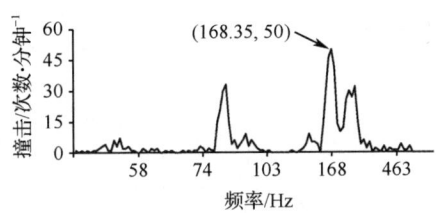

图 5-16　声发射撞击统计与故障频率关系

5.4.2　基于故障撞击统计谱的轴承损伤识别方法

对不同损伤轴承在不同转速下对应的故障撞击统计谱进行分析，同样选取 60s 的数据进行统计，转速分别为 50km/h、200km/h 和 350km/h，每个损伤轴承选择一组典型故障撞击统计谱进行展示。图 5-17～图 5-19 为不同转速下不同损伤轴承对应的故障撞击统计谱。

在 50km/h 时，在轴承 A 对应的故障撞击统计谱中，无故障频率，但因噪声干扰严重，统计谱杂乱无序；在轴承 B 对应的故障撞击统计谱中，出现了故障频率及其分频，但也受到明显的噪声干扰；在轴承 C 对应的故障撞击统计谱中，存在明显的故障频率及其分频，相比于轴承 B，其故障频率更加明显，但也受到一定噪声的干扰；在轴承 D 对应的故障撞击统计谱中，故障频率及其分频在故障撞击统计频谱中占主导地位，未出现其他干扰频率。

在 200km/h 时，在轴承 A 对应的故障撞击统计谱中，无故障频率，统计谱杂乱无序；在轴承 B 对应的故障撞击统计谱中，存在明显的故障频率及分频，相比于 50km/h 时，其故障频率更加明显；在轴承 C 对应的故障撞击统计谱中，故障频率及其分频在故障撞击统计谱中占主导地位，未出现明显的噪声干扰；在轴承

D 对应的故障撞击统计谱中，故障频率及其分频仍占主导地位，未出现其他干扰频率。

在 350km/h 时，在轴承 A 对应的故障撞击统计谱中，仍未出现故障特征；在轴承 B 对应的故障撞击统计谱中，出现故障频率，但是与 200km/h 时相比，故障频率不再明显；在轴承 C 和轴承 D 对应的故障撞击统计谱中，故障频率及其分频仍然占主导地位，未出现其他干扰频率。

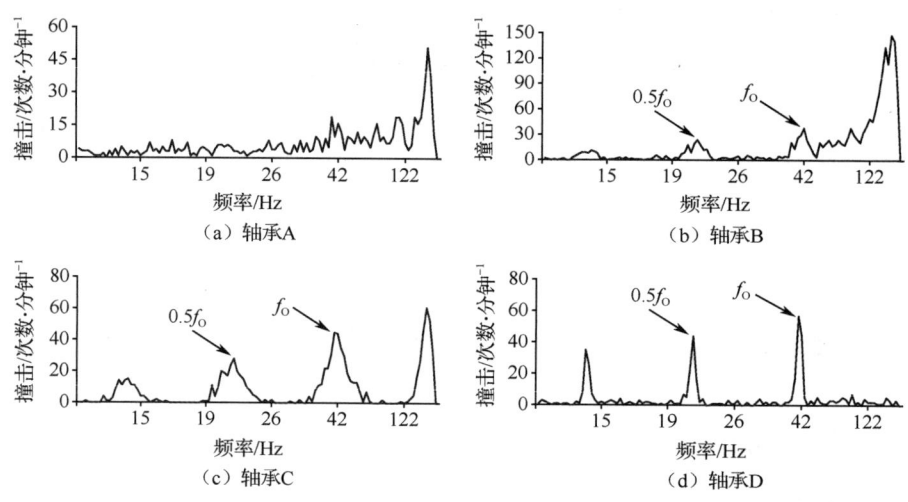

图 5-17　50km/h 时，不同损伤轴承的故障撞击统计谱

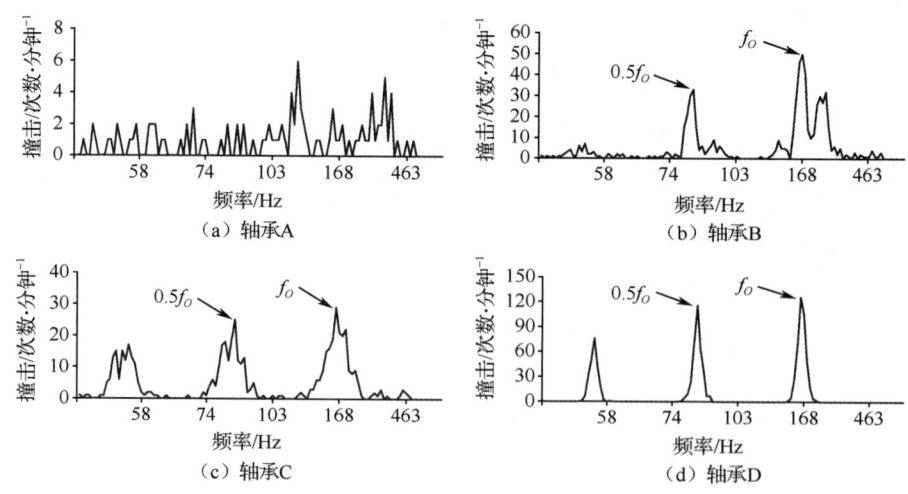

图 5-18　200km/h 时，不同损伤轴承的故障撞击统计谱

第 5 章　高速列车轴箱轴承状态声发射监测技术

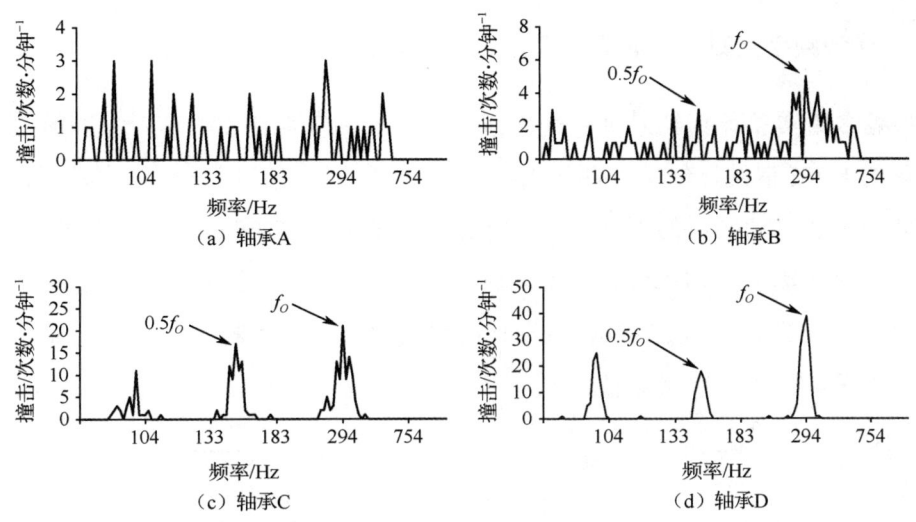

图 5-19　350km/h 时，不同损伤轴承的故障撞击统计谱

从不同转速下不同轴承的故障撞击统计谱的分析结果来看，轴承 D 受转速影响较小，所有转速下故障频率都很明显；轴承 C 在一定程度上受转速的影响，在低速时会受到机械结构噪声的干扰，在高速时会受轮轨噪声和气动噪声的影响；轴承 B 受转速影响较大，不仅在低速时受到严重的机械结构噪声的干扰，而且在高速时也受到轮轨噪声和气动噪声的干扰，导致故障频率不显著，而在中速时故障频率显著，诊断效果最好。

基于以上分析，将故障撞击统计与故障频率相结合，可以实现轴承故障识别，完成定性判断。然而，在实际轴承状态监测的过程中，需要根据故障撞击统计谱的统计结果完成对轴承损伤状态的评估。因此，本章定义了故障撞击显著性指标（FHSI），以此来定量判断轴承损伤状态。

故障撞击显著性指标是指故障频率（包括其分频 $\dfrac{f}{2}$、$\dfrac{f}{3}$ 等）对应的撞击次数在故障撞击统计谱中的占比，用来估计故障撞击声发射信号的显著性。将 FHSI 定义为

$$\text{FHSI} = \sum_{n=1}^{N} X\left(\dfrac{f}{n}\right) \Big/ \sum_{m=1}^{M} X(\Delta f \cdot m) \times 100\% \tag{5-18}$$

式中，N 为谐波阶数，$X(\ )$ 为频率对应的撞击数，f 为故障频率，Δf 为频率分

辨率，M 为频率点数量，m 为第几个频率点。

根据多组实验计算结果进行平均值统计，最终求得 FHSI 值，不同转速下不同轴承的 FHSI 值统计结果如图 5-20 所示。由于受到低速时机械结构噪声、高速时轮轨噪声和气动噪声的影响，不同损伤轴承在 100~200km/h 时对应的 FHSI 值均大于其他转速下的 FHSI 值，且不同轴承对应的 FHSI 值之间的差异也更加明显；损伤轴承对应的 FHSI 值在 100km/h 时达到最大。总体看来，FHSI 值与轴承损伤状态正相关，可用于定量评估。

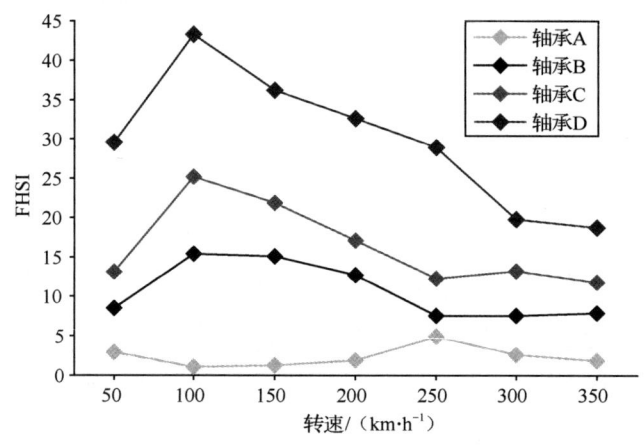

图 5-20　不同转速下不同轴承的 FHSI 值统计结果

此外，轴承 A 对应的 FHSI 值在所有转速下都低于 5。轴承 B 在 100~200km/h 范围内故障频率明显，FHSI 值均大于 10。轴承 C 和 D 对应的 FHSI 值在所有速度下都大于 10。因此，可将故障阈值初步设置为 5，如果 FHSI 值小于 5，则该轴承为正常轴承；如果 FHSI 值大于 10，则该轴承存在明显故障。可结合速度、CSI 损伤宽度等综合具体判断轴承的损伤状态。

5.5　小结

传统的短波形特征分析方法未考虑故障的周期性，波形流谱分析方法不能满足实时状态监测的要求。为了克服这些问题，本章提出了新的故障识别方法，即指纹特征识别方法。该方法不仅可以自动识别故障轴承在显著噪声条件下产生的周期性信号并形成特定的实时图形模式，而且可以实时跟踪速度和时间的变化进行故障特征识别。

指纹特征识别方法的诊断效果在很大程度上取决于阈值的选择。因此，在多次实验的基础上，本章提出了动态阈值的概念基础，初步建立了动态阈值基准。在此基础上，提出了指纹特征分布的聚类显著性指标（CSI），并与常用的聚类指标进行了比较，验证了CSI的有效性。该指标可作为阈值选择准则，实现动态阈值的自适应选择，完成指纹特征的优化。此外，CSI可作为评价轴承损伤状态的定量评价指标。

在自适应最优动态阈值的基础上，本章提出了故障撞击统计谱，进一步丰富和改进了指纹特征识别方法。通过对声发射撞击统计进行频谱分析，可以成功地识别缺陷轴承的故障频率。此外，FHSI可作为评价轴承损伤状态的定量评价指标。

本章在接近高速列车实际线路的复杂测试条件下，基于不同缺陷尺寸轴承的实际声发射信号验证了所提方法的有效性。本章提出的方法对轴承状态的实时监测是有效的，为高速轴承和其他工业轴承的在线监测，特别是复杂工况条件下的在线监测提供了参考和新的思路。

参考文献

[1] 丁叁叁, 陈大伟, 刘加利. 中国高速列车研发与展望[J]. 力学学报, 2021, 53(1):35-50.

[2] 李德发. 基于声发射的动车组轴箱轴承损伤检测机理及其状态感知[D]. 北京：北京交通大学, 2021.

[3] 许萌. 基于声发射技术的高速列车滚动轴承健康监测方法研究[D]. 北京：北京化工大学, 2019.

[4] 郝伟. 基于PHM技术的高速动车组关键部件智能检修理论与方法研究[D]. 北京：北京交通大学, 2021.

[5] 王方哲, 朱永生, 闫柯, 等. 滚动轴承内圈温度无线监测技术[J]. 机械工程学报, 2018, 54(22): 8-14.

[6] 赵明. 变转速下机械动态信息的自适应提取与状态评估[D]. 西安：西安交通大学, 2017.

[7] 郑浩. 基于声学信号的滚动轴承故障诊断方法研究[D]. 徐州：中国矿业大学, 2020.

[8] 丁晓喜. 机械状态流形特征增强理论及监测诊断方法研究[D]. 合肥：中国科学技术大学, 2017.

[9] Trajin B, Regnier J, Faucher J. Comparison between stator current and estimated mechanical speed for the detection of bearing wear in asynchronous drives[J]. IEEE Transactions on Industrial Electronics, 2009, 56(11): 4700-4709.

[10] Dalvand F, Kalantar A, Safizadeh M S. A novel bearing condition monitoring method in induction motors based on instantaneous frequency of motor voltage[J]. IEEE Transactions on Industrial Electronics, 2016, 63(1): 364-376.

[11] Ibrahim A, El Badaoui M, Guillet F, et al. A new bearing fault detection method in induction machines based on instantaneous power factor [J]. IEEE Transactions on Industrial Electronics, 2008, 55(12): 4252-4259.

[12] Frosini L, Harlişca C, Szabó L. Induction machine bearing fault detection by means of statistical processing of the stray flux measurement[J]. IEEE Transactions on Industrial Electronics, 2015, 62(3): 1846-1854.

[13] 欧阳可赛. 圆形阵列短时分析用于列车轴承道旁声学信号分离与校正的理论研究[D]. 合肥：中国科学技术大学, 2018.

[14] 胡飞. 列车轴承故障轨边声学检测系统关键技术研究[D]. 合肥：中国科学技术大学, 2013.

[15] 张翱. 列车轴承故障道旁声学诊断关键技术研究[D]. 合肥：中国科学技术大学, 2014.

[16] 张海滨. 列车轴承轨边声学故障信号的声源分离及其去噪研究[D]. 合肥：中国科学技术大学, 2016.

[17] 张尚斌. 列车轴承轨边声学诊断中故障声谱识别的时变阵列分析技术研究[D]. 合肥：中国科学技术大学, 2017.

[18] 熊伟. 列车轴承轨边声学故障诊断中多源混叠空时滤波器设计方法研究[D]. 合肥：中国科学技术大学, 2019.

[19] 王士强. CRH3C型动车组转向架轴箱轴承温度检测系统介绍[J]. 内燃机与配件, 2017(19): 20-21.

[20] 张文忠, 哈大雷, 王乾. 新一代高速动车组CRH380C轴承温度监测系统[J]. 机车电传动, 2012(6): 71-73.

[21] 舒敏. 动车组轴箱轴承健康状态评估与趋势分析[D]. 北京：北京交通大学, 2018.

[22] 汤武初, 王敏杰, 陈光东, 等. 高速列车故障轴箱轴承的温度分布研究[J]. 铁道学报, 2016, 38(7): 50-56.

[23] 王超. 基于灰色理论的高速列车轴承温度实时预测模型研究及系统开发[D]. 成都：西南交通大学, 2018.

[24] 罗怡澜. 高速列车轴承异常温升预警方法研究[D]. 成都：西南交通大学, 2018.

[25] 祁明明. 基于NSET的高速列车轴箱轴承温度预警研究[D]. 兰州：兰州交通大学, 2020.

[26] 吴宇. 基于时空对比的高速列车轴承温度异常检测研究[D]. 成都：西南交通大学, 2020.

[27] Cole K D, Tarawneh C M, Fuentes A A, et al. Thermal models of railroad wheels and bearings[J]. International Journal of Heat & Mass Transfer, 2010, 53 (9-10): 1636-1645.

[28] Ai S, Wang W, Wang Y, et al. Temperature rise of double-row tapered roller bearings analyzed with the thermal network method[J]. Tribology International, 2015, 87: 11-22.

[29] Liu Q Y. High-speed train axle temperature monitoring system based on switched ethernet[J]. Procedia Computer Science, 2017, 107: 70-74.

[30] Yao C, Wang Z, Zhang W. A novel condition-monitoring method for axle-box bearings of high-speed trains using temperature sensor signals[J]. Sensors Journal, IEEE, 2019, 19(1): 205-213.

[31] Man J, Dong H, Yang X, et al. GCG: Graph Convolutional network and gated recurrent unit method for high-speed train axle temperature forecasting[J]. Mechanical Systems and Signal Processing, 2022, 163: 108102.

[32] Randall R B. Vibration-based Condition Monitoring[M]. John Wiley & Sons, 2011.

[33] Randall R B, Antoni J. Rolling element bearing diagnostics-A tutorial[J]. Mechanical Systems and Signal Processing, 2011, 25(2): 485-520.

[34] Dyer D, Stewart R. Detection of rolling element bearing damage by statistical vibration analysis[J]. Journal of mechanical design, 1978, 100(2): 229-235.

[35] 李永健, 宋浩, 刘吉华, 等. 基于改进多尺度排列熵的列车轴箱轴承诊断方法研究[J]. 铁道学报, 2020, 42(1): 33-39.

[36] 李盼召. 高速列车轴承安全状态实时监测系统研究[D]. 成都：西南交通大学, 2020.

[37] Li Y, Liang X, Lin J, et al. Train axle bearing fault detection using a feature selection scheme based multi-scale morphological filter[J]. Mechanical Systems and Signal Processing, 2018, 101(FEB.15): 435-448.

[38] Dwyer R. Detection of non-Gaussian signals by frequency domain kurtosis estimation[C]. Acoustics, Speech, and Signal Processing, IEEE International Conference on ICASSP'83, 1983: 607-610.

[39] Antoni J. The spectral kurtosis: a useful tool for characterising non-stationary signals[J]. Mechanical Systems and Signal Processing, 2006, 20(2): 282-307.

[40] Antoni J, Randall R. The spectral kurtosis: application to the vibratory surveillance and diagnostics of rotating machines[J]. Mechanical Systems and Signal Processing, 2006, 20(2): 308-331.

[41] Antoni J. Fast computation of the kurtogram for the detection of transient faults[J]. Mechanical Systems and Signal Processing, 2007, 21(1): 108-124.

[42] Lei Y, Lin J, He Z, et al. Application of an improved kurtogram method for fault diagnosis of rolling element bearings[J]. Mechanical Systems and Signal Processing, 2011, 25(5): 1738-1749.

[43] Barszcz T, Jabłoński A. A novel method for the optimal band selection for vibration signal demodulation and comparison with the Kurtogram[J]. Mechanical Systems and Signal Processing, 2011, 25(1): 431-451.

[44] Antoni J. The infogram: Entropic evidence of the signature of repetitive transients[J]. Mechanical Systems and Signal Processing, 2016, 74: 73-94.

[45] Wu K, Chu N, Wu D, et al. The enkurgram: a characteristic frequency extraction method for fluid machinery based on multi-band demodulation strategy[J]. Mechanical Systems and Signal Processing, 2021, 155(3): 107564.

[46] Zhang K, Xu Y, Liao Z, et al. A novel fast entrogram and its applications in rolling bearing fault diagnosis[J]. Mechanical Systems and Signal Processing, 2021, 154:107582.

[47] Wang X, Zheng J, Ni Q, et al. Traversal index enhanced-gram (TIEgram): A novel optimal demodulation frequency band selection method for rolling bearing fault diagnosis under non-stationary operating conditions[J]. Mechanical Systems and Signal Processing, 2022, 172(6): 109017.

[48] 彭畅, 王旭, 张志波, 等. 基于Moors谱峭度图的高速列车轴承故障诊断方法[J]. 制造业自动化, 2015, 37(16): 41-43+50.

[49] Liu Z, Yang S, Liu Y, et al. Adaptive correlated Kurtogram and its applications in wheelset-bearing system fault diagnosis[J]. Mechanical Systems and Signal Processing, 2021, 154(107277): 107511.

[50] Wiggins R A. Minimum entropy deconvolution[J]. Geoexploration, 1978, 16(1): 21-35.

[51] Sawalhi N, Randall R B, Endo H. The enhancement of fault detection and diagnosis in rolling element bearings using minimum entropy deconvolution combined with spectral kurtosis[J]. Mechanical Systems and Signal Processing, 2007, 21(6): 2616-2633.

[52] Mcdonald G L, Zhao Q, Zuo M J. Maximum correlated Kurtosis deconvolution and application on gear tooth chip fault detection[J]. Mechanical Systems and Signal Processing, 2012, 33: 237-255.

[53] Mcdonald G L, Zhao Q. Multipoint Optimal Minimum Entropy Deconvolution and Convolution Fix: Application to vibration fault detection[J]. Mechanical Systems and Signal Processing, 2017, 82: 461-477.

[54] Marco B, Jérme A, Gianluca D. Blind deconvolution based on cyclostationarity maximization and its application to fault identification[J]. Journal of Sound and Vibration, 2018, 432: 569-601.

[55] 杨劼立, 林建辉, 谌亮. 基于MED辅助特征提取CNN模型的列车轴承故障诊断方法[J]. 中国测试, 2020, 46(10): 124-129.

[56] 朱丹, 苏燕辰, 孙琦, 等. BSO-MCKD在高速列车齿轮箱轴承早期故障诊断中的应用[J]. 铁道机车车辆, 2020, 40(2): 14-19.

[57] 程尧. 高速列车滚动轴承故障诊断与状态监测技术研究[D]. 成都: 西南交通大学, 2019.

[58] Huang N E, Shen Z, Long S R, et al. The empirical mode decomposition and the Hilbert spectrum for nonlinear and non-stationary time series analysis[J]. Proceedings of the Royal Society A: Mathematical, Physical and Engineering Sciences, 1998.

[59] Lei Y, Lin J, He Z, et al. A review on empirical mode decomposition in fault diagnosis of rotating machinery[J]. Mechanical Systems and Signal Processing, 2013, 35(1): 108-126.

[60] Wu Z, Huang N E. Ensemble empirical mode decomposition: a noise-assisted data analysis method[J]. Advances in adaptive data analysis, 2009, 1(1): 1-41.

[61] Smith, Jonathan S. The local mean decomposition and its application to EEG perception data[J]. Journal of The Royal Society Interface, 2005, 2(5):443-454.

[62] Dragomiretskiy K, Zosso D. Variational Mode Decomposition[J]. IEEE Transactions on Signal Processing, 2014, 62(3): 531-544.

[63] Huang Y, Lin J, Liu Z, et al. A modified scale-space guiding variational mode decomposition for high-speed railway bearing fault diagnosis[J]. Journal of Sound and Vibration, 2019, 444: 216-234.

[64] 黄衍. 基于变分模态分解与形态学滤波的高速列车轴箱轴承故障诊断方法研究[D]. 成都：西南交通大学, 2020.

[65] 李翠省, 廖英英, 刘永强. 基于 EEMD 和参数自适应 VMD 的高速列车轮对轴承故障诊断[J]. 振动与冲击, 2022, 41(1): 68-77.

[66] Jack L B, Nandi A K. Support Vector Machines for Detection and Characterization of Rolling Element Bearing Faults[J]. Proceedings of the Institution of Mechanical Engineers Part C-Journal of Mechanical Engineering Science, 2001, 215(9): 1065-1074.

[67] Liu S C, Liu S Y. An efficient expert system for machine fault diagnosis[J]. International Journal of Advanced Manufacturing Technology, 2003, 21(9): 691-698.

[68] Wu S T, Chow T W S. Induction machine fault detection using SOM-based RBF neural networks[J]. IEEE Transactions on Industrial Electronics, 2004, 51(1): 183-194.

[69] 罗江华. 贝叶斯网络在机械故障诊断中的应用研究[D]. 重庆：重庆大学, 2006.

[70] Sharma A, Sugumaran V, Devasenapati S B. Misfire detection in an IC engine using vibration signal and decision tree algorithms[J]. Measurement, 2014, 50: 370-380.

[71] Gan M, Wang C, Zhu C A. Construction of hierarchical diagnosis network based on deep learning and its application in the fault pattern recognition of rolling

element bearings[J]. Mechanical Systems and Signal Processing, 2016, 72-73: 92-104.

[72] Yu J B. Adaptive hidden markov model-based online learning framework for bearing faulty detection and performance degradation monitoring[J]. Mechanical Systems and Signal Processing, 2017, 83: 149-162.

[73] Zou Y, Zhang Y, Mao H. Fault diagnosis on the bearing of traction motor in high-speed trains based on deep learning[J]. AEJ-Alexandria Engineering Journal, 2020, 20(17): 4930.

[74] Luo H, Bo L, Peng C, et al. Fault diagnosis for high-speed train axle-box bearing using simplified shallow information fusion convolutional neural network[J]. Sensors, 2020, 20(17): 4930.

[75] Gu J, Huang M. Fault diagnosis method for bearing of high-speed train based on multitask deep learning[J]. Shock and Vibration, 2020, 2020(11): 1-8.

[76] Hao R. A hybrid SVD-based denoising and self-adaptive TMSST for high-speed train axle bearing fault detection[J]. Sensors, 2021, 21.

[77] Sun B, Liu X. Significance support vector machine for high-speed train bearing fault diagnosis[J]. IEEE Sensors Journal, 2021, 23(5): 4638-4646.

[78] 滕山邦久. 声发射（AE）技术的应用[M]. 北京：冶金工业出版社, 1997.

[79] 张艾萍, 孙伟, 叶荣学. 汽轮发电机组轴承运行状态声发射监测研究[J]. 汽轮机技术, 1998(1): 31-34.

[80] Mokhtari N, Rahbar F, Gühmann C. Differentiation of journal bearing friction states and friction intensities based on feature extraction methods applied on acoustic emission signals[J]. tm-Technisches Messen, 2017, 84(S1): 42-47.

[81] Baranov V M, Kudryavtsev E M, Sarychev G A. Modelling of the parameters of acoustic emission under sliding friction of solids[J]. Wear, 1997, 202(2): 125-133.

[82] Fan Y, Gu F, Ball A. Modelling acoustic emissions generated by sliding friction[J]. Wear, 2010, 268(5-6): 811-815.

[83] Sharma R B, Parey A. Modelling of acoustic emission generated in rolling element bearing[J]. Applied Acoustics, 2017, 144: 96-112.

[84] Patil A P, Mishra B K, Harsha S P. Vibration based modelling of acoustic emission of rolling element bearings[J]. Journal of Sound and Vibration, 2020, 468: 115117.

[85] Fujiwara T, Yoshioka T. Application of acoustic emission o detection of rolling bearing failure[J]. American Society of Mechanical Engineers, 984, 14(1): 55-76.

[86] Tandon N, Nakra B C. Defect detection of rolling element bearings by acoustic emission method, Journal of Acoustic Emission[J]. Journal of Acoustic Emission, 1990, 9(1): 25-28.

[87] Nishimoto S, Kameno R. Estimate of the fatigue condition on rolling bearing by AE[J]. Progress in Acoustic Emission. IV, 1988: 446-453.

[88] Choudhury A, Tandon N. Application of acoustic emission technique for the detection of defects in rolling element bearings[J]. Tribology International, 2000, 33(1): 39-45.

[89] Al-Ghamd A M, Mba D. A comparative experimental study on the use of acoustic emission and vibration analysis for bearing defect identification and estimation of defect size[J]. Mechanical Systems and Signal Processing, 2006, 20: 1537-1571.

[90] Elforjani M A. Condition monitoring of slow speed rotating machinery using acoustic emission technology[D]. British Cranfield University, 2010.

[91] Wahyu, Caesarendra, Buyung, et al. Acoustic emission-based condition monitoring methods: Review and application for low speed slew bearing[J]. Mechanical Systems and Signal Processing, 2016, 72: 134-159.

[92] Van Hecke B, Yoon J, He D. Low speed bearing fault diagnosis using acoustic emission sensors[J]. Applied Acoustics, 2016, 105: 35-44.

[93] 柳小勤, 汤林江, 侯凯泽, 等. 基于声发射的滚动轴承损伤定位方法研究[J]. 振动与冲击, 2020, 39(15): 176-182.

[94] Tang L, Liu X, Wu X, et al. Defect localization on rolling element bearing stationary outer race with acoustic emission technology[J]. Applied Acoustics, 2021, 182: 108207.

[95] Eftekharnejad B, Carrasco M R, Charnley B, et al. The application of spectral kurtosis on Acoustic Emission and vibrations from a defective bearing [J]. Mechanical Systems and Signal Processing, 2011, 25: 266-284.

[96] Kilundu B, Chiementin X, Duez J, et al. Cyclostationarity of Acoustic Emissions (AE) for monitoring bearing defects[J]. Mechanical Systems and Signal Processing, 2011, 25: 2061-2072.

[97] Li R, He D. Rotational machine health monitoring and fault detection using EMD-based acoustic emission feature quantification[J]. IEEE Transactions on Instrumentation and Measurement, 2012, 61: 990-1001.

[98] Chacon J, Kappatos V, Balachandran W, et al. A novel approach for incipient defect detection in rolling bearings using acoustic emission technique [J]. Applied Acoustics, 2015, 89: 88-100.

[99] 张晓涛，唐力伟，王平，等. 轴承故障声发射信号多频带共振解调方法[J]. 振动. 测试与诊断, 2015, 35(2): 363-368+404.

[100] Wang Z, Wu X, Liu X, et al. Research on feature extraction algorithm of rolling bearing fatigue evolution stage based on acoustic emission[J]. Mechanical Systems and Signal Processing, 2018, 113: 271-284.

[101] Elasha F, Greaves M, Mba D. Planetary bearing defect detection in a commercial helicopter main gearbox with vibration and acoustic emission, Structural Health Monitoring[J]. Structural Health Monitoring, 2018, 17: 1192-1212.

[102] Liu Z, Wang X, Zhang L. Fault diagnosis of industrial wind turbine blade bearing using acoustic emission analysis[J]. IEEE Transactions on Instrumentation and Measurement, 2020, 69: 6630-6639.

[103] Jamaludin N, Mba D, Bannister R H. Condition monitoring of slow-speed rolling element bearings using stress waves[J]. Proceedings of the Institution of Mechanical Engineers, Part E: Journal of Process Mechanical Engineering, 2001, 215: 245-271.

[104] Widodo A, Kim E Y, Son J D, et al. Fault diagnosis of low speed bearing based on relevance vector machine and support vector machine[J]. Expert Systems

with Applications, 2009, 36: 7252- 7261.

[105] Widodo A, Yang B S, Kim E Y, et al. Fault diagnosis of low speed bearing based on acoustic emission signal and multi-class relevance vector machine[J]. Nondestructive Testing and Evaluation, 2009, 24: 313-328.

[106] Taha Z, Widiyati K. Artificial neural network for bearing defect detection based on acoustic emission[J]. The International Journal of Advanced Manufacturing Technology, 2010, 50: 289-296.

[107] Pandya D H, Upadhyay S H, Harsha S P. Fault diagnosis of rolling element bearing with intrinsic mode function of acoustic emission data using APF-KNN [J]. Expert Systems with Applications, 2013, 40(10): 4137-4145.

[108] Pomponi E, Vinogradov A. A real-time approach to acoustic emission clustering[J]. Mechanical Systems and Signal Processing, 2013, 40(2): 791-804.

[109] Elforjani M. Estimation of remaining useful life of slow speed bearings using acoustic emission signals[J]. Journal of Nondestructive Evaluation, 2016, 35(4): 1-16.

[110] Motahari-Nezhad M, Jafari S M. ANFIS system for prognosis of dynamometer high-speed ball bearing based on frequency domain acoustic emission signals [J]. Measurement, 2020, 166: 108154.

[111] Motahari-Nezhad M, Jafari S M. Bearing remaining useful life prediction under starved lubricating condition using time domain acoustic emission signal processing[J]. Expert Systems with Applications, 2021, 168: 114391.

[112] Rabiner L R, Schafer R W, Rader C M. The chirp z-transform algorithm and its application[J]. Bell System Technical Journal, 1969, 48(5): 1249-1292.

[113] Zhang Y, Wang S, Liu D, et al. Fabrication of angle beam two-element ultrasonic transducers with PMN-PT single crystal and PMN-PT/epoxy 1-3 composite for NDE applications[J]. Sensors and Actuators A: Physical, 2011, 168(1): 223-228.

[114] Shen X, Hu H, Li X, et al. Study on PCA-SAFT imaging using leaky Rayleigh waves[J]. Measurement, 2021, 170(1): 108708.

[115] Shui G, Kim J Y, Qu J, et al. A new technique for measuring the acoustic nonlinearity of materials using Rayleigh waves[J]. Ndt & E International, 2008, 41(5): 326-329.

[116] Greenwood J A, Williamson J B P. Contact of nominally flat surfaces[J]. Proceedings of the royal society of London. Series A. Mathematical and Physical Sciences, 1966, 295(1442): 300-319.

[117] Popov V L. Contact mechanics and friction[M]. Berlin: Springer Berlin Heidelberg, 2010.

[118] Sharma R B, Parey A. Modelling of acoustic emission generated in rolling element bearing[J]. Applied Acoustics, 2019, 144: 96-112.

[119] 刘沫言. 带壳装药的破片撞击和冲击波感度研究[D]. 沈阳：沈阳理工大学, 2020.

[120] Kabir M, Kazari H, Ozevin D. Piezoelectric MEMS acoustic emission sensors[J]. Sensors and Actuators A: Physical, 2018, 279: 53-64.

[121] Sause M G R, Hamstad M A, Horn S. Finite element modeling of conical acoustic emission sensors and corresponding experiments[J]. Sensors and Actuators A: Physical, 2012, 184: 64-71.

[122] Givoli D, Neta B. High-order non-reflecting boundary scheme for time-dependent waves[J]. Journal of Computational Physics, 2003, 186(1): 24-46.

[123] Jena D P, Panigrahi S N. Precise measurement of defect width in tapered roller bearing using vibration signal[J]. Measurement, 2014, 55: 39-50.

[124] 洪海程. 基于声发射技术的电力变压器局部放电带电检测应用研究[D]. 广州：华南理工大学, 2011.

[125] Sun L, Li Y, Sun L, et al. Acoustic emission sound source localization for crack in the pipeline[C]//Control & Decision Conference. IEEE, 2010: 4.

[126] Sawalhi N, Randall R B. Vibration response of spalled rolling element bearings: Observations, simulations and signal processing techniques to track the spall size[J]. Mechanical Systems and Signal Processing, 2011, 25(3): 846-870.

[127] Harris T A, Kotzalas M N. Essential concepts of bearing technology[M]. CRC Press, 2006.

[128] Popov V L. Contact mechanics and friction[M]. Berlin: Springer Berlin Heidelberg, 2010.

[129] Epps I. An investigation into vibrations excited by discrete faults in rolling element bearings[J]. University of Canterbury Mechanical Engineering, 1991.

[130] Bilato O B M. An algorithm for fast Hilbert transform of real functions[J]. Advances in Computational Mathematics, 2014, 40: 1159-1168.

[131] Chivers I, Sleightholme J. An introduction to algorithms and the big O notation[J]. Springer International Publishing, 2015: 359-364.

[132] Rubinstein-Salzedo S. Big o notation and algorithm efficiency[M]. Cham: Springer International Publishing, 2018.

[133] Xu G, Hou D, Qi H, et al. High-speed train wheel set bearing fault diagnosis and prognostics: a new prognostic model based on extendable useful life[J]. Mechanical Systems and Signal Processing, 2021, 146: 107050.

[134] 雷亚国. 混合智能技术及其在故障诊断中的应用研究[D]. 西安：西安交通大学, 2007.

[135] 查浩. 高速列车轴箱轴承动力行为研究[D]. 北京：北京交通大学, 2020.

[136] Fahad A, Alshatri N, Tari Z, et al. A survey of clustering algorithms for big data: Taxonomy and empirical analysis[J]. IEEE Transactions on Emerging Topics in Computing, 2014, 2(3): 267-279.

[137] Miao Y, Zhao M, Lin J. Periodicity-impulsiveness spectrum based on singular value negentropy and its application for identification of optimal frequency band [J]. IEEE Transactions on Industrial Electronics, 2018, 66(4): 3127-3138.